前 言

近年来随着信息技术的高速发展，人类社会的信息量急剧增长，企业可获取的信息量也随之呈现指数增长。在这样的背景下，企业对数据的有效应用也变得越来越急迫。

作为所有者，想要随时随地查看企业运营健康状态；想知道企业的利润从哪里来，利润的来源是否具有可持续性，有没有办法获取更多的利润等。

作为管理者，关心如何有理有据地向老板汇报业绩的变动，如何制定合理的目标以及绩效考核指标，如何根据历史运营情况向老板提供合理化改进建议，如何高效、公正地对下属的绩效进行考核等。

作为执行者，关心有没有办法可以高效地完成自己的工作，如何有逻辑地向上司汇报工作，如何向上司提出合理的改进建议等。

由此可见，人们对信息各有所需，但面临的现状是如何从海量的数据中挖掘价值。目前管理报表堆积如山，通过数字海洋做管理和决策难度很大，而商务智能的出现为企业提供了一种非常清晰的沟通方式，使业务人员能够更快地理解和处理他们所获取的信息。

本书主要介绍数据可视化分析的相关知识，所使用的工具为 Tableau。Tableau 是一款支持商务智能分析的有效工具。

本书以多个实际案例的数据为例，对各类理论方法、技术进行说明，包括认识数据可视化、Tableau 连接与管理数据、Tableau 初级可视化分析、Tableau 地图分析、高级数据操作、高级可视化分析、统计分析等主要内容，详细介绍了 Tableau 商务智能化工具的使用方法，让读者能够快速学习和掌握 Tableau 的各项功能。

为方便教学，本书配有电子课件、课后习题答案、课堂案例数据文件、综合案例实验指南及数据文件等教学资源。凡选用本书作为教材的教师均可登录机械工业出版社教育服务网 www. cmpedu. com 免费下载，如有问题请致电 010－88379375，服务 QQ：945379158。

编　者

二维码索引

高职高专商务数据分析与应用专业系列教材

数据可视化

重庆翰海睿智大数据科技股份有限公司 **组编**

主　编 陈　继　王　磊　王　喜
副主编 李　勇　夏先玉　唐中剑
参　编 江　敏　柳惠秋　周志化
李艳花　张运来　孙二华　钟林江

本书主要介绍数据可视化分析相关知识，所使用的工具为 Tableau。本书基于以多个实际案例为背景的具体数据，介绍了常用的商务数据分析图形的制作，以及如何利用图形获得见解，得出结论。

读者通过本书可掌握数据可视化分析理论，并且能够制作可视化分析图表，基于图表获得分析结论，从而为企业经营提供指引。

本书可作为高职高专学校师生学习数据可视化分析的教材，也可以作为初学者学习数据可视化分析的资料，不需任何数据分析基础，便能无障碍学习数据可视化分析相关知识。

图书在版编目（CIP）数据

数据可视化／陈继，王磊，王喜主编. —北京：机械工业出版社，2020.6（2023.1 重印）
高职高专商务数据分析与应用专业系列教材
ISBN 978-7-111-65503-9

Ⅰ.①数… Ⅱ.①陈… ②王… ③王… Ⅲ.①数据处理-高等职业教育-教材 Ⅳ.①TP274

中国版本图书馆 CIP 数据核字（2020）第 072743 号

机械工业出版社（北京市百万庄大街 22 号 邮政编码 100037）
策划编辑：乔 晨　　责任编辑：乔 晨 董宇佳
责任校对：张 力 李 杉　　责任印制：单爱军
北京虎彩文化传播有限公司印刷

2023 年 1 月第 1 版第 4 次印刷
184mm×260mm · 9.75 印张 · 219 千字
标准书号：ISBN 978-7-111-65503-9
定价：49.00 元

电话服务
客服电话：010-88361066
010-88379833
010-68326294

网络服务
机 工 官 网：www. cmpbook. com
机 工 官 博：weibo. com/cmp1952
金 书 网：www. golden-book. com
机工教育服务网：www. cmpedu. com

目　录

C...o.. n.... t..e....n...t....s

项目五 高级数据操作

项目六 高级可视化分析

项目七 统计分析

项 目 一
认识数据可视化

任务一 了解数据可视化的意义与应用
任务二 理解数据可视化框架
任务三 认识数据可视化工具 Tableau

本项目首先介绍了数据可视化分析的意义与应用，带领大家认识数据可视化的框架，然后让大家认识 Tableau 可视化工具的主要特征与其丰富的产品体系，以及不同场景下的文件管理，最后为大家列举了几个 Tableau 的经典案例。

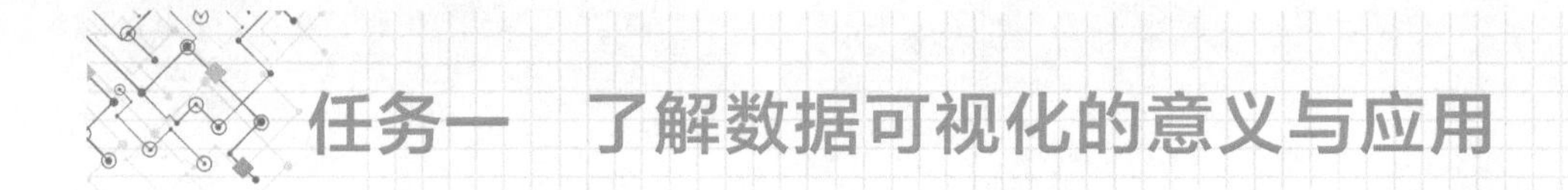

任务一　了解数据可视化的意义与应用

一　认知数据可视化的意义

1. 高效获取信息

人脑对视觉信息的处理要比书面信息容易得多。使用图表总结复杂的数据，可以确保对数据信息的理解比混乱的电子表格或者文字报告更快。

数据可视化提供了一种非常清晰的沟通方式，使业务管理者能够更快地理解和处理所获取的信息。用一些简单的图形就能体现复杂的信息，甚至单个图形也能做到。决策者可以通过交互元素以及各种新的可视化工具，轻松解释各种不同的数据源。丰富且有意义的数据可视化有助于让忙碌的管理者及业务伙伴了解问题和制订有效计划。

2. 实时监控指标

已经收集到的消费者行为数据可以为适应性强的企业带来许多新机遇，这需要管理者们不断地收集和分析这些信息，利用数据可视化来监控关键指标，与企业内部数据库实时连接，随时更新数据。据此，企业领导人可以更早一步发现各大数据集的市场变化和趋势。

3. 精准建立模型

当今的商业决策越来越依赖数据，正确而连贯的数据流对商业用户做出快速、灵活的决策起到了决定性的作用。建立正确的数据流和数据结构才能得到好的结果，如客户人群分析、RFM 模型、同群分析等。

概括来讲，精准建立数据模型需要完成以下步骤：

- 了解业务：了解业务建立概念模型，确定实体与实体的关系。
- 建立模型：在概念模型的基础上生成逻辑模型，确定实体属性，将数据标准化。
- 验证模型：通过具体的业务来验证模型是否能够满足要求。

二　了解企业中数据可视化的应用

1. 生产制造业

生产制造业是典型的数据可视化应用行业。管理生产线、关注生产线的变化是一个最直接的需求。通过将生产制造过程中的数据进行可视化处理，可以及时发现生产环节出现的问题，提高企业对生产风险的防范能力。图 1－1 是一个生产线的数据可视化看板，它将产品的缺陷数据整理成各项指标并以图表的形式展示出来，比如缺陷类型、各地区生产产生的缺陷量占比、时间序列下产品缺陷量数据。

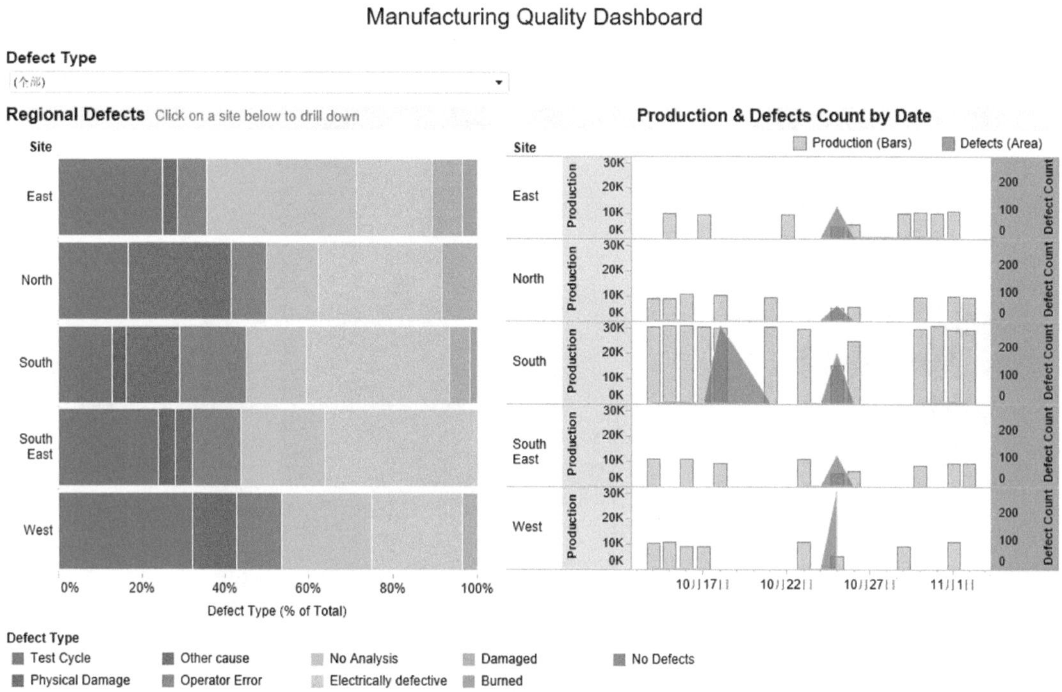

图1－1

2. 电商行业

电商行业是近年来较为火爆的数据可视化分析领域，电子商务产生的数据有很大的挖掘价值。对于电商企业来说，订单数据是最直接相关的数据，通过将这部分数据可视化处理，可以清晰地观测订单量、销售额、利润额等情况。图 1－2 是订单数据看板，除了一些数据指标卡以外，还有地图、条形图用来描述数据。

3. 金融行业

金融行业也是数据可视化应用较多的行业，其中银行业务还会将信用卡、银行交易分别统计查看。企业常常面临人工整理数据比较烦琐，并且表格数据可读性低等问题。图 1－3 是银行收入数据看板，图中有各项数据指标的指标卡，方便企业查看各银行的业务情况，如盈利情况、各渠道收入情况、各地区消费者人数等。

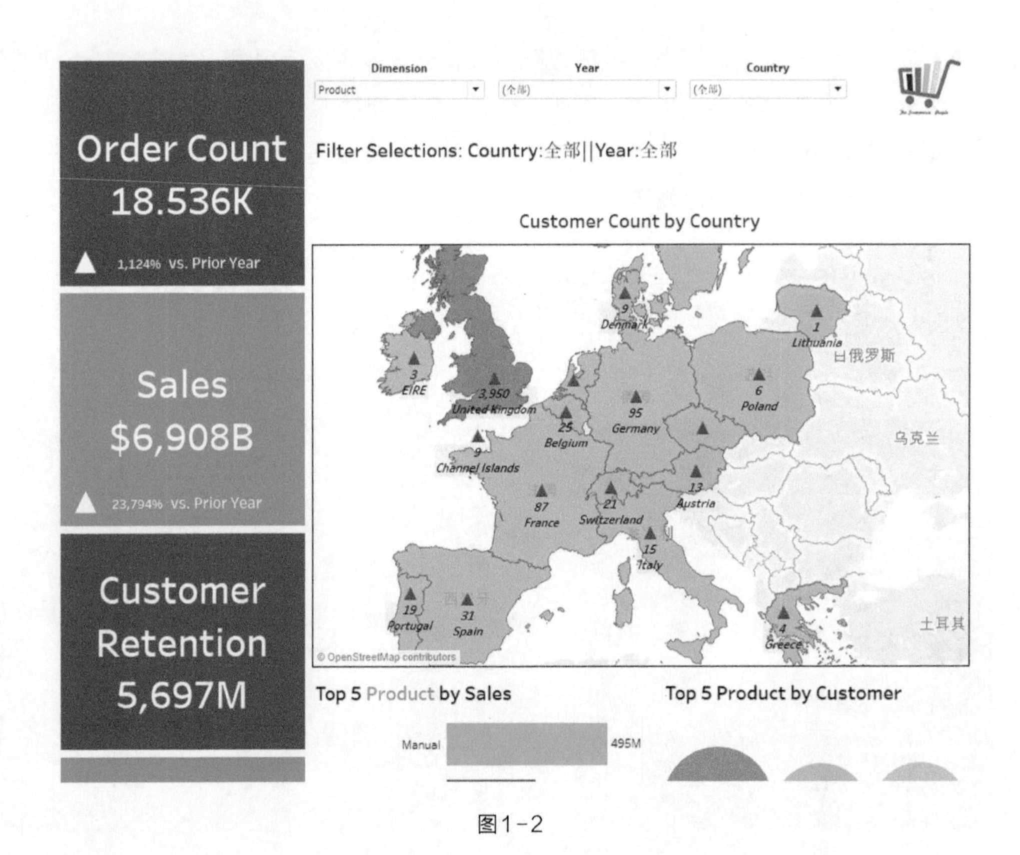

Order Count
18.536K
1,124% vs. Prior Year
Sales
$6,908B
23,794% vs. Prior Year
Customer
Retention
5,697M
Dimension
Product
Year
(全部)
Country
(全部)
Filter Selections: Country:全部||Year:全部
Customer Count by Country
9 Denmark
1 Lithuania
白俄罗斯
3 EIRE
3,950 United Kingdom
6 Poland
95 Germany
25 Belgium
乌克兰
9 Channel Islands
13 Austria
87 France
21 Switzerland
15 Italy
19 Portugal
31 Spain
4 Greece
土耳其
© OpenStreetMap contributors
Top 5 Product by Sales
Top 5 Product by Customer
Manual
495M

图1-2

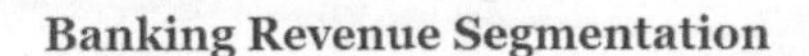

Banking Revenue Segmentation
Use the filter panel or click anywhere in the visualization to filter. Hover for details or to drill down.
Business Segment
Number of Customers
Attributed Cost
Revenue
Profit
Banking 791 $335,627 $24,558,821 $1,983,997
Credit Cards 790 $335,658 $23,762,839 $1,949,838
Business 593 $54,870 $3,688,672 $360,151
Select Date
2012/1/1
2015/12/31
Select State
Select Age Group
Select Tenure
Select Segment
(全部)
Banking
Business
Credit Cards
Select Channel
(全部)
Direct
Partner
Referred
Profit
($1,000,000)
$1,000,000
Revenue by Customer Location
加拿大
墨西哥
© OpenStreetMap contributors
Revenue by Customer Channels
Channel
Corporate
Heison
Email
Social
Listings
Ad
Search
Direct
Partner
Referred
Revenue by Customer Tenure
$10M
$5M
$0M
6 Months
1 Year
2 Years
3 Years
>3 Years
Revenue By Customer Age
20s
30s
40s
50s
60s

图1-3

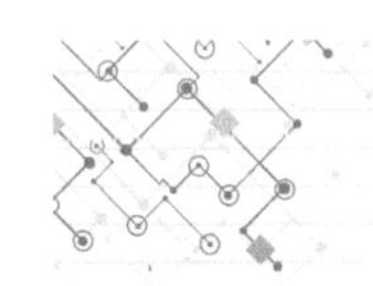

任务二 理解数据可视化框架

一 了解人在视觉上对图形规则的敏感度

视觉是人获取外部世界信息的主要通道，超过50%的人脑机能都用于视觉感知。此外，人眼对视觉符号的感知速度快于数字和文本，并且能够补充有限的记忆内存。

观察以下数据：

X均值9.0，X方差10.0，Y均值7.5，Y方差3.75，相关系数0.816，数据如图1-4所示。

X_1	10.00	8.00	13.00	9.00	11.00	14.00	6.00	4.00	12.00	7.00	5.00
Y_1	8.04	6.95	7.58	8.81	8.33	9.96	7.24	4.26	10.84	4.82	5.68
X_2	10.00	8.00	13.00	9.00	11.00	14.00	6.00	4.00	12.00	7.00	5.00
Y_2	9.14	8.14	8.74	8.77	9.26	8.10	6.13	3.10	9.13	7.26	4.74
X_3	10.00	8.00	13.00	9.00	11.00	14.00	6.00	4.00	12.00	7.00	5.00
Y_3	7.46	6.77	12.74	7.11	7.81	8.84	6.08	5.39	8.15	6.42	5.73
X_4	10.00	8.00	13.00	9.00	11.00	14.00	6.00	4.00	12.00	7.00	5.00
Y_4	6.58	5.76	7.71	8.84	8.47	7.04	5.25	12.50	5.56	7.91	6.89

图1-4

以图形的视觉通道可以迅速发现数据信息，如图1-5所示。

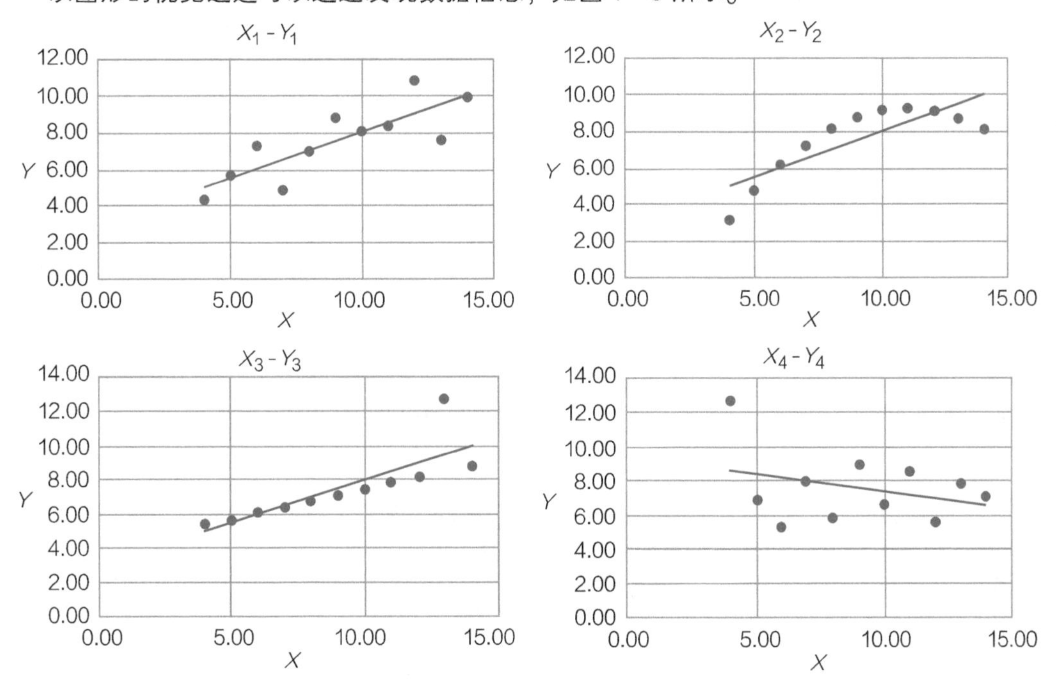

图1-5

请从图 1-6 的数字中找出有几个 9。

如图 1-7 所示，为数字 9 添加颜色，结果显而易见。

4 7 7 5 5 2 7 4 7 1
4 9 2 5 7 7 2 6 1 7
1 7 6 9 3 4 7 5 1 2
5 1 6 3 3 8 4 8 6 6
6 5 6 4 9 3 8 9 1 9
3 8 1 5 2 2 3 6 3 9
4 6 4 5 6 3 7 7 9 1
9 1 3 3 6 1 3 3 1 8
8 1 1 8 7 5 8 1 7 4
3 6 9 2 8 9 3 7 5 7
4 4 4 2 8 2 2 9 2 8

图1-6

4 7 7 5 5 2 7 4 7 1
4 9 2 5 7 7 2 6 1 7
1 7 6 9 3 4 7 5 1 2
5 1 6 3 3 8 4 8 6 6
6 5 6 4 9 3 8 9 1 9
3 8 1 5 2 2 3 6 3 9
4 6 4 5 6 3 7 7 9 1
9 1 3 3 6 1 3 3 1 8
8 1 1 8 7 5 8 1 7 4
3 6 9 2 8 9 3 7 5 7
4 4 4 2 8 2 2 9 2 8

图1-7

由此可见，颜色也是一种视觉通道。

视觉通道用于控制几何标记的展示特性，如图 1-8 所示，通常是由几何标记及其成分组成的。其中，几何标记通常是指一些几何图形元素，如点、线、面、体，而成分主要包含标记的位置、大小、形状、方向、色调、饱和度、亮度等。

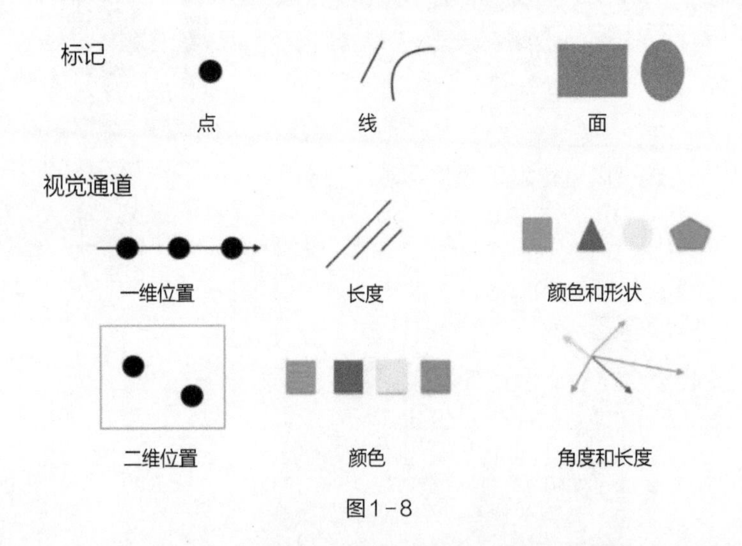

图1-8

视觉通道又分为定性（分类）的视觉通道以及定量（连续、有序）的视觉通道。

- 定性（分类）的视觉通道：具有定性或分类性质，关于对象本身的特征和位置。如形状、颜色的色调、空间位置等。
- 定量（连续、有序）的视觉通道：具有定量或定序性质，反映对象某一属性在数值上的大小。如直线的长度、区域的面积、空间的体积、颜色的饱和度等。

定性（分类）的视觉通道和定量（连续、有序）的视觉通道。如图 1-9 所示。

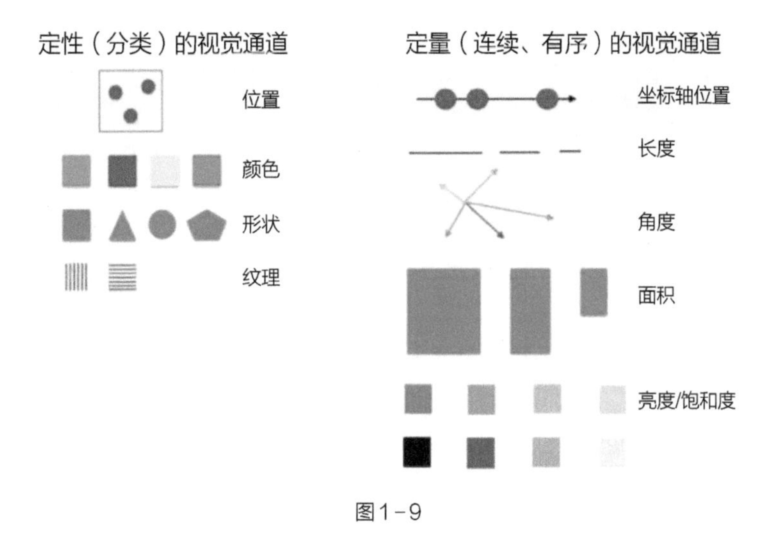

图1-9

二　掌握可视化遵循的原则

数据可视化通过视觉通道为我们清晰有效地传达沟通信息，具体遵循以下三个原则：

- 可视性。数据可以用图表、仪表板等方式来展现，并可对其模式和相互关系进行可视化分析。
- 多维性。可以从数据的多个属性或变量数据进行切片、钻取、旋转等，以此剖析数据，从多角度、多方面分析数据。
- 交互性。用户能够方便地通过交互界面实现数据的管理、计算与预测。

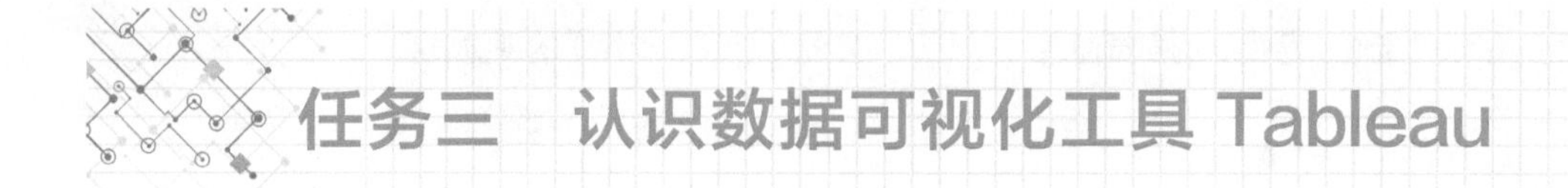

任务三 认识数据可视化工具 Tableau

Tableau 简介

一 认识 Tableau

1. Tableau 简介

Tableau 是美国 Tableau 软件公司出品的一款专业的商业智能软件，能够满足企业的数据分析需求。Tableau 目前在全球的用户已超过 50 000 个，在中国的用户已超过 2 000 个。

2. 主要特点

简单、易用、易学，不需要技术背景和统计知识，操作极其简单。可连接多种数据源，轻松实现数据融合。高效接口集成，具有良好的可扩展性，提升数据分析能力。

3. 产品体系

Tableau Desktop

Tableau Desktop 是设计和创建美观的视图与仪表板、实现快捷数据分析功能的桌面端分析工具，包括 Tableau Desktop Personal（个人版）和 Tableau Desktop Professional（专业版）两个版本，支持 Windows 和 Mac 操作系统。

Tableau 个人版仅允许连接到文件和本地数据源，分析成果可以发布为图片、PDF 等格式；而 Tableau 专业版除了具备个人版的全部功能外，支持的数据源更加丰富，能够连接到几乎所有格式的数据和数据库系统，包括以 ODBC 方式新建数据源库，分析成果还可以发布到企业或个人的 Tableau 服务器、Tableau Online 服务器和 Tableau Public 服务器上，实现移动办公。因此，专业版比个人版更加通用，但个人版的价格相对来说要比专业版低很多。

Tableau Server

Tableau Server 是一款商业智能应用程序，用于发布和管理 Tableau Desktop 制作的报表，也可以发布和管理数据源，如自动刷新发布到 Server 上的数据提取。Tableau Server 是基于浏览器的分析技术，非常适用于企业范围内的部署，当工作簿做好并发布到 Tableau Server 上后，用户可以通过浏览器或移动终端设备查看工作簿的内容并与之交互。

Tableau Server 可控制对数据连接的访问权限，并允许针对工作簿、仪表板甚至用户来设置不同安全级别的访问权限。通过 Tableau Server 提供的访问接口，用户可以搜索和组织工作簿，还可以在仪表板上添加批注，与同事分享数据见解，实现在线互动。此外，Tableau Server 还提供订阅功能，当允许访问的工作簿版本有更新时，用户可以接收到邮件通知。

Tableau Online

Tableau Online 针对云分析而建立，是 Tableau Server 的一种托管版本，省去硬件部署、维护及软件安装的时间与成本，提供的功能与 Tableau Server 没有区别，按每人每年的方式付费使用。

Tableau Mobile

Tableau Mobile 是基于 iOS 和 Android 系统开发的移动端应用程序。用户可通过 iPad、Android 设备或移动浏览器来查看发布到 Tableau Server 或 Tableau Online 上的工作簿，并可进行简单的编辑和导出操作。

Tableau Public

Tableau Public 是一款免费的桌面应用程序，用户可以连接 Tableau Public 服务器上的数据，设计和创建自己的工作表、仪表板和工作簿，并把成果保存到大众皆可访问的 Tableau Public 服务器上（不可以把成果保存到本地计算机上）。Tableau Public 使用的数据和创建的工作簿都是公开的，任何人都可以与其交互并可随意下载，还可以根据自己的数据创建新的工作簿。

注 利用 Tableau Public 连接数据时，如图 1－10 所示，对数据源、数据文件的格式和大小都有一定限制：仅支持 Excel、Access 和多种文本文件格式，对单个数据文件的行数限制为 10 万行，对数据的存储空间限定在 50MB 以内。

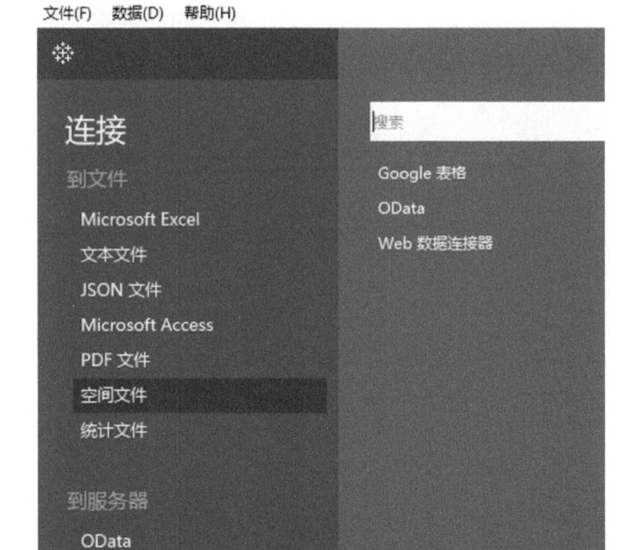

图 1－10

Tableau Reader

Tableau Reader 是一款免费的桌面应用程序，可以用来打开和查看打包工作簿文件(. twbx)，也可以与工作簿中的视图和仪表板进行交互操作，如筛选、排序、向下钻取和查看数据明细等。打包工作簿文件可以通过 Tableau Desktop 创建和发布，也可以从 Tableau Public 服务器下载。用户无法使用 Tableau Reader 创建工作表或仪表板，也无法改变工作簿的设计和布局。

4. 文件管理

Tableau 工作簿(.twb)：将所有工作表及其连接信息保存在工作簿文件中，但不包括数据源。

打包工作簿(.twbx)：打包工作簿是一个 ZIP 文件，可以保存所有工作表、连接信息以及任何本地资源（如本地文件数据源、背景图片、自定义地理编码等)。这种格式最适合对工作数据进行打包，以便与不能访问该数据的其他人共享。

Tableau 数据源(.tds)：以“. tds”为扩展名的数据源文件是快速连接经常使用的数据源的快捷方式。数据源文件不包含实际数据，只包含新建数据源所必需的信息以及在数据窗口中所做的修改，如默认属性、计算字段、组、集等。

Tableau 数据源(.tdsx)：如果连接的数据源不是本地数据源，tdsx 文件与 tds 文件没有区别。如果连接的数据源是本地数据源，数据源(. tdsx)不但包含数据源(. tds)文件中的所有信息，还包括本地文件数据源（Excel、Access、文本和数据提取)。

Tableau 书签(.tbm)：书签包含单个工作表，是快速分享所做工作的简便方式。

Tableau 数据提取(.hyper)：以“. hyper”为扩展名的数据提取文件是部分或整个数据源的一个本地副本，可用于共享数据、脱机工作和提高数据库性能。

注 从 Tableau 10. 5 开始，新数据提取使用“. hyper”格式，而不是“. tde”格式。数据提取(. hyper)格式利用改进的数据引擎，其快速分析和查询性能与之前的数据引擎不相上下，但可适用于更大的数据提取。

5. Tableau 工作区

(1) 菜单栏（如图 1-11 所示）

文件(F) 数据(D) 工作表(W) 仪表板(B) 故事(T) 分析(A) 地图(M) 设置格式(O) 服务器(S) 窗口(N) 帮助(H)

图1-11

在菜单栏中主要有“文件”“数据”“工作表”“仪表板”“故事”“分析”“地图”“设置格式”“服务器”“窗口”“帮助”菜单。

- “文件”菜单的主要功能是新建、保存、导入、导出文件等。

- “数据”菜单的主要功能是管理数据源，如编辑主副表关系、提取数据等。
- “工作表”菜单的主要功能是对当前工作表进行操作，如复制、导出当前工作表，设置当前视图内容显示等。
- “仪表板”菜单的主要功能是对仪表板进行相关操作，如设置仪表板格式、导出仪表板、设置仪表板交互功能等。
- “故事”菜单是 Tableau 8.2 之后新增的功能，可以按照自定义顺序将图表或仪表板展示出来。
- “分析”菜单是对视图中的数据进行相关操作，如数据的聚合、数据计算字段的创建、数据预测与数据趋势线添加等。
- “地图”菜单是 Tableau 地图分析的一大功能，可进行设置地图的背景图像、导入地理编码等操作。
- “设置格式”菜单主要是对当前视图中的文本部分进行相关设置。
- “服务器”菜单的主要功能为连接到 Tableau Server 服务器，可登录到 Tableau Server 或其托管版本 Tableau Online 上，还可将工作簿发布到 Tableau Public 上。
- “窗口”菜单可将当前视图展示进入演示模式（或按 F7 键），并可调整当前视图内容，还可创建书签、切换工作表。
- “帮助”菜单可获取 Tableau 相关的帮助文档和视频等。

(2) 工具栏（如图 1－12 所示）

标准

图 1－12

- 显示起始页：单击来回切换 Tableau Desktop 的起始页和主界面。
- 撤销：撤销上一步的操作。
- 重做：恢复上一步被撤销的操作。
- 保存：保存当前视图进度。
- 新建数据源：连接新的数据源。
- 暂停数据更新：暂停更新数据源。
- 运行更新：更新数据源数据。
- 新建：新建工作表、仪表板或故事。
- 复制：复制当前工作表、仪表板或故事。
- 清除：清除当前工作表所有内容。
- 交换行列：交换行功能区以及列功能区的字段。
- 升序：将视图中的数据按照升序排列。
- 降序：将视图中的数据按照降序排列。
- 突出显示：突出显示视图中的字段。

- 组：将视图中的字段形成组。
- 显示/隐藏标签：显示或隐藏标签。
- 固定：固定视图。
- 视图显示模式：共有四种，分别是标准、适合宽度、适合高度、整个视图。
- 显示/隐藏卡：对工作表界面各个功能区进行显示或隐藏。
- 演示模式：视图区全屏显示。
- 共享：通过 Tableau Server 或 Tableau Online 进行分享。

（3）数据源显示框

数据源显示框显示所有已经连接的数据源，根据数据源的数据集，自动划分维度值列表和度量值列表。

（4）数据分析框

提供汇总与模型等功能，可以辅助在视图中添加平均线、趋势线等。

（5）页面框

将字段拖进页面框，可生成播放菜单，整个视图即可通过播放的方式呈现出来。

（6）筛选器

将字段拖进筛选器，使该字段可生成筛选器。

（7）图形菜单框（标记卡）

标记下拉菜单可以选择视图的图形，将字段拖入“颜色”或“大小”，即可对该字段的颜色或大小进行调整。

（8）列/行功能区

将字段拖到“列”或“行”区域，即可制作相应视图。

（9）智能显示

智能显示区域列出了 24 种不同类型的图形。只要数据满足图形的生成条件，就能生成对应的图形。将字段拖入视图后，可以通过智能显示区切换图形。

二 了解 Tableau 经典案例

1. 医疗临床分析

临床分析可以让临床医护人员快速、全面地了解各种医学检验项目的临床意义。如图

1－13所示，Tableau 软件可以通过建立突显表，分析周一到周日诊所的病人数量情况，由表可知，诊所病人数量最多的时间段为6:00 am～13:00 pm；可以通过建立散点图，分析各个部门病人的最小等待时间与护理评分，从而优化病人看诊的等待时间与接受护理的情况。

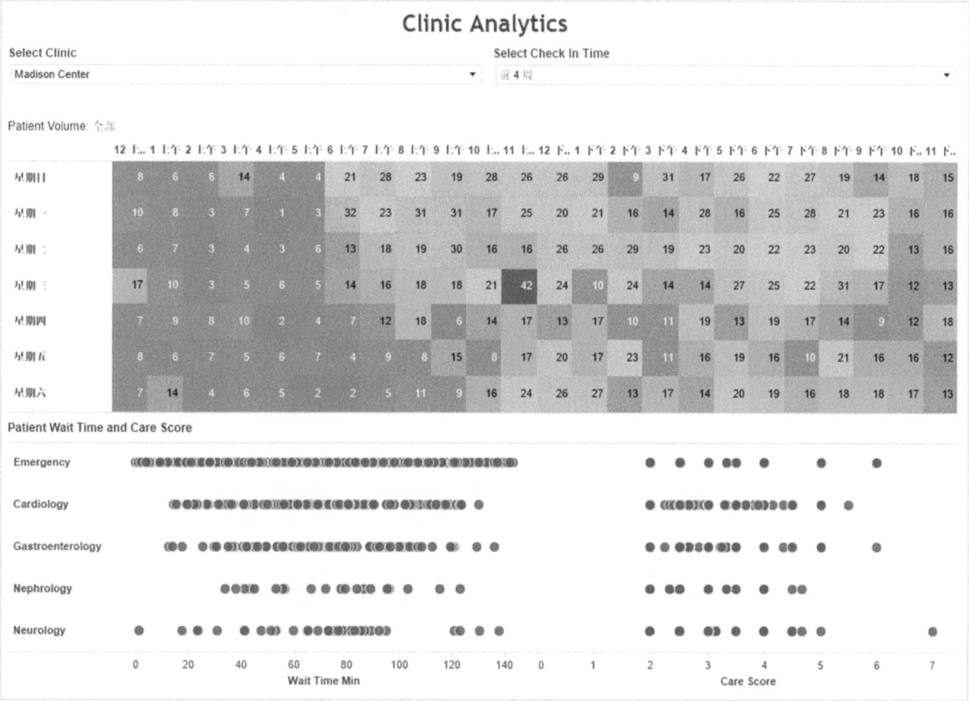

图1－13

2. 电子商务销售分析

电子商务通常是指在全球各地广泛的商业贸易活动中，在互联网开放的网络环境下，基于浏览器/服务器应用方式，买卖双方不谋面地进行各种商贸活动，实现消费者的网上购物、商户之间的网上交易和在线电子支付以及各种商务活动、交易活动、金融活动和相关的综合服务活动的一种商业运营模式。

Tableau 软件可以通过条形图反映不同产品、不同国家、不同客户的销售额的排名情况；可以通过气泡图反映客户数量在特定区间内的分布情况；可以通过地图展现各个地区的产品销量情况。

3. 制造业原料分析

服装业是我国传统优势产业之一，在国民经济中处于重要地位，而服装材料是构成服装的物质基础，其色彩、质地、风格、表现力等方面的因素直接影响着服装的表现形式和设计要素。

Tableau 软件可以通过符号地图，对各地区的平均单位距离所花费的金额以及货物总规模进行统计；可以通过条形图，对不同距离段花费金额以及平均单位距离所需花费进行对比分析；可以通过条形图，对各个纺织物以及其适合的人群规模和平均单位距离所花费金额进行对比分析。

习　题

1. 什么是数据可视化？
2. 视觉通道是什么？又是由什么组成的？
3. Tableau 有哪些产品体系？各产品体系的功能是什么？

项 目 二
Tableau 连接与管理数据

数据连接是利用 Tableau 进行数据分析的第一步。Tableau 几乎支持所有主流数据源类型，如常见的 Microsoft Excel 文件、CSV 文本文件、Access 数据库文件等。本项目将从最简单的电子表格开始，说明如何通过 Tableau 快速连接到各类数据源，以及如何对数据源进行整合与维护。

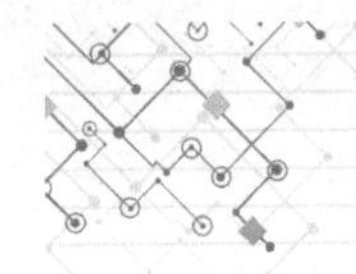

任务一　数据连接

数据连接

一　连接 Excel 表格

数据连接是利用 Tableau 进行数据分析的首要工作。完成此任务需要熟悉 Tableau 数据连接功能区按钮，能够快速导入各类型数据并切换到 Tableau 工作表区。

在文件数据源中，电子表格是最常见的，下面以“Superstore（超市数据）”的 Microsoft Excel 文件为例介绍电子表格数据的连接操作。

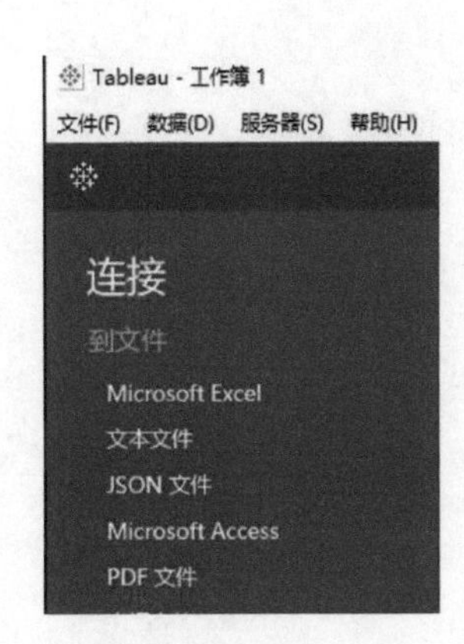

图2-1

步骤 1　双击 Tableau 软件进入数据连接界面，如图 2－1 所示。

步骤 2　选择 Microsoft Excel，进入 Excel 表所在的目录，选中文件名，单击［打开］，如图 2－2 所示。

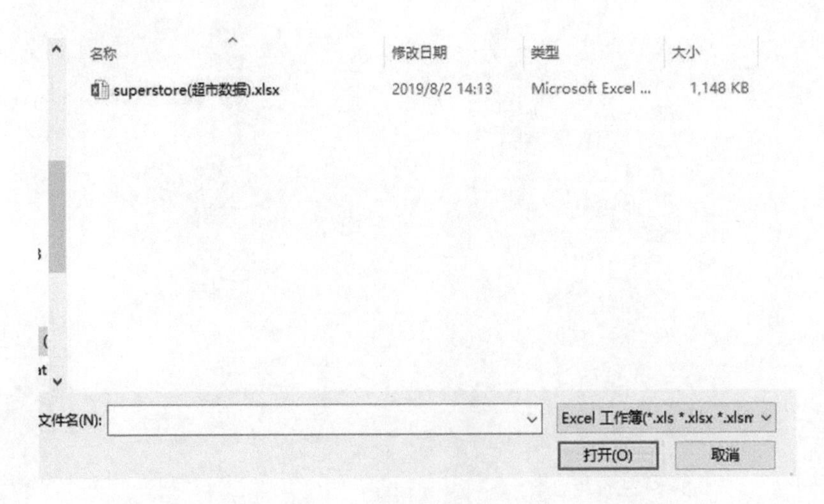

图2-2

注　此时进入编辑数据源界面，可对数据源进行预览，确定数据源信息是否无误，如图 2-3 所示。

图2-3

步骤 3 单击图 2-3 左下角的［转到工作表］，进入工作表界面，如图 2-4 所示。

图2-4

操作完成■

二　连接 Access 文件

连接 Access 文件也可以在数据连接界面实现。和连接 Excel 文件不同的是，连接到 Access 文件后数据表下方会出现［新自定义 SQL］选项，熟悉 SQL 的用户可以使用 SQL 查询语句连接数据。

注意：连接 Access 数据源之后，可能会出现“与 Microsoft Access 数据库通信时出错。数据源连接可能已丢失”的提示错误，其原因是未安装驱动程序，或者安装的驱动程序位数错误。需要安装与 Tableau Desktop 版本匹配的 Access 驱动程序。

利用 SQL 语句查询 2019 年（自然年）的所有数据，如图 2－5 所示。

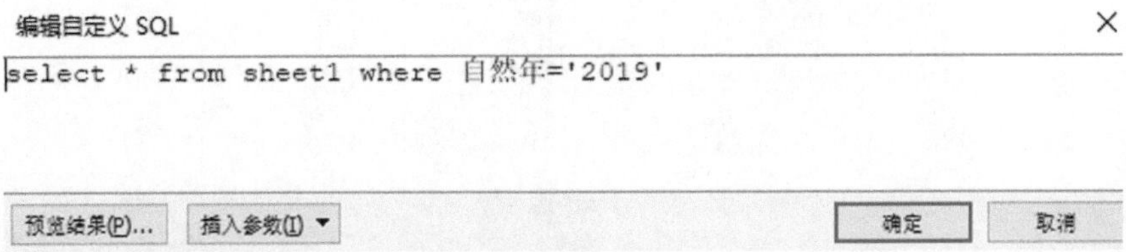

编辑自定义 SQL

```
select * from sheet1 where 自然年='2019'
```

预览结果(P)...　插入参数(I)　确定　取消

图2－5

利用自定义 SQL 查询生成数据源，如图 2－6 所示。

自定义 SQ...　连接 ⦿ 实时 ○ 数据提取　筛选器 0 添加

自定义 SQL 查询

排序字段 数据源顺序　显示别名　显示隐藏字段　3

# 自定义 SQL ... 周ID	Abc 自定义 SQL 查询 自然年	# 自定义 SQL 查询 销售额
2	2019	346,688
3	2019	245,959
4	2019	234,740

图2－6

三　复制粘贴数据

创建数据源的另外一种方式是将数据复制粘贴到 Tableau 中，Tableau 会根据复制的数据自动创建数据源。可以直接复制的数据类型包括 Microsoft Excel 和 Word 等 Office 应用程序数据、网页中 HTML 格式的表格、用逗号或制表符分隔的文本文件数据。

步骤 1　打开本地“Superstore（超市数据）”Excel 文件并复制数据，如图 2－7 所示。

	F	G	H	I	J	K	L	M	N	O	P	Q	R	S	T	U
9948	2016/12/25	CA-2014-134194	75081	Wilson Jones 1" Hang	Central	Consumer	2017/1/1	Standard Class	Texas	Binders	80%	1	-$5	-160%	3	$3
9949	2016/12/25	CA-2014-105620	33012	Eldon 400 Class Desk	South	Consumer	2016/12/28	First Class	Florida	Furnishings	20%	1	$6	28%	3	$21
9950	2016/12/25	CA-2014-105620	33012	Lexmark 20R1285 X665	South	Consumer	2016/12/28	First Class	Florida	Machines	50%	1	-$7	-6%	2	$120
9951	2016/12/25	CA-2014-108756	7017	Memorex Micro Travel	East	Consumer	2016/12/29	Standard Class	New Jersey	Accessories	0%	1	$14	43%	3	$32
9952	2016/12/26	US-2014-106705	52601	Recycled Desk Saver	Central	Consumer	2017/1/1	Standard Class	Iowa	Paper	0%	1	$21	46%	5	$45
9953	2016/12/26	CA-2014-112487	43229	Acco Economy Flexibl	East	Home Office	2016/12/30	Standard Class	Ohio	Binders	70%	1	-$3	-63%	2	$3
9954	2016/12/26	CA-2014-121741	68025	Tennsco Single-Tier	Central	Corporate	2016/12/26	Same Day	Nebraska	Storage	0%	1	$38	5%	2	$751
9955	2016/12/26	CA-2014-136238	79762	Xerox 1959	Central	Corporate	2017/1/1	Standard Class	Texas	Paper	20%	1	$6	35%	3	$16
9956	2016/12/27	CA-2014-134404	43055	AT&T 1080 Corded phc	East	Corporate	2016/12/27	Same Day	Ohio	Phones	40%	1	-$36	-22%	2	$164
9957	2016/12/27	CA-2014-134404	43055	BIC Brite Liner Higl	East	Corporate	2016/12/27	Same Day	Ohio	Art	20%	1	$4	28%	4	$13
9958	2016/12/28	CA-2014-163979	94110	Adjustable Depth Let	West	Corporate	2017/1/2	Second Class	California	Storage	0%	1	$210	29%	4	$726
9959	2016/12/28	CA-2014-164826	10024	Avery 473	East	Consumer	2017/1/4	Standard Class	New York	Labels	0%	1	$35	48%	7	$72
9960	2016/12/28	CA-2014-164826	10024	OIC Bulk Pack Metal	East	Consumer	2017/1/4	Standard Class	New York	Fasteners	0%	1	$6	46%	4	$14
9961	2016/12/28	CA-2014-164826	10024	Storex Dura Pro Binc	East	Consumer	2017/1/4	Standard Class	New York	Binders	20%	1	$11	34%	7	$33
9962	2016/12/28	CA-2014-164826	10024	Cush Cases Heavy Dut	East	Consumer	2017/1/4	Standard Class	New York	Phones	0%	1	$4	27%	3	$15
9963	2016/12/28	CA-2014-136539	78664	Stanley Bostitch Cor	Central	Consumer	2017/1/1	Standard Class	Texas	Art	20%	1	$3	10%	2	$27
9964	2016/12/28	CA-2014-136539	78664	Bush Westfield Colle	Central	Consumer	2017/1/1	Standard Class	Texas	Bookcases	32%	1	-$12	-15%	2	$79
9965	2016/12/28	CA-2014-129805	98103	3M Hangers With Comm	West	Corporate	2017/1/2	Standard Class	Washington	Furnishings	0%	1	$3	41%	2	$7
9966	2016/12/28	CA-2014-127516	37211	Carina Double Wide M	South	Home Office	2017/1/3	Standard Class	Tennessee	Storage	20%	1	-$13	-20%	1	$65
9967	2016/12/28	US-2014-162068	80538	Avery Reinforcements	West	Corporate	2016/12/31	Second Class	Colorado	Binders	70%	1	-$1	-63%	2	$1
9968	2016/12/28	CA-2014-101322	90805	Novimex Turbo Task C	West	Corporate	2016/12/31	First Class	California	Chairs	20%	1	-$34	-10%	6	$341
9969	2016/12/28	CA-2014-163860	61604	Computer Printout Ir	Central	Corporate	2017/1/1	Standard Class	Illinois	Binders	80%	1	-$3	-160%	5	$2
9970	2016/12/28	CA-2014-163860	61604	G.E. Longer-Life Inc	Central	Corporate	2017/1/1	Standard Class	Illinois	Furnishings	60%	1	-$2	-30%	3	$8
9971	2016/12/28	CA-2014-163860	61604	Padded Folding Chair	Central	Corporate	2017/1/1	Standard Class	Illinois	Chairs	30%	1	-$3	-3%	2	$113

Tableau Superstore

图2－7

步骤 2　转到 Tableau 工作表界面，使用快捷键“Ctrl＋V”将数据粘贴到表内，如图 2－8所示。

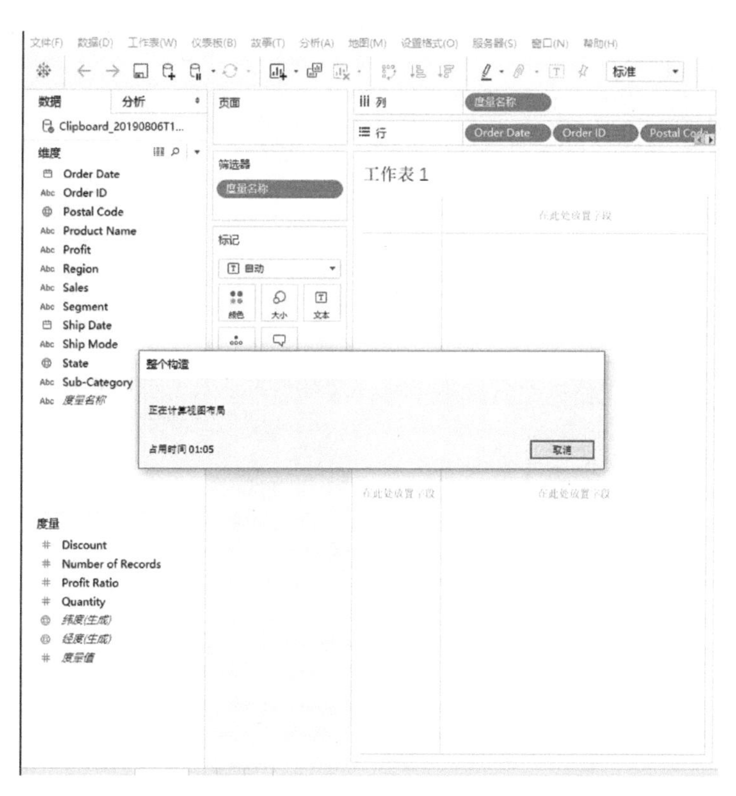

图2－8

注 此时在视图界面生成如图2-9所示的文本表。

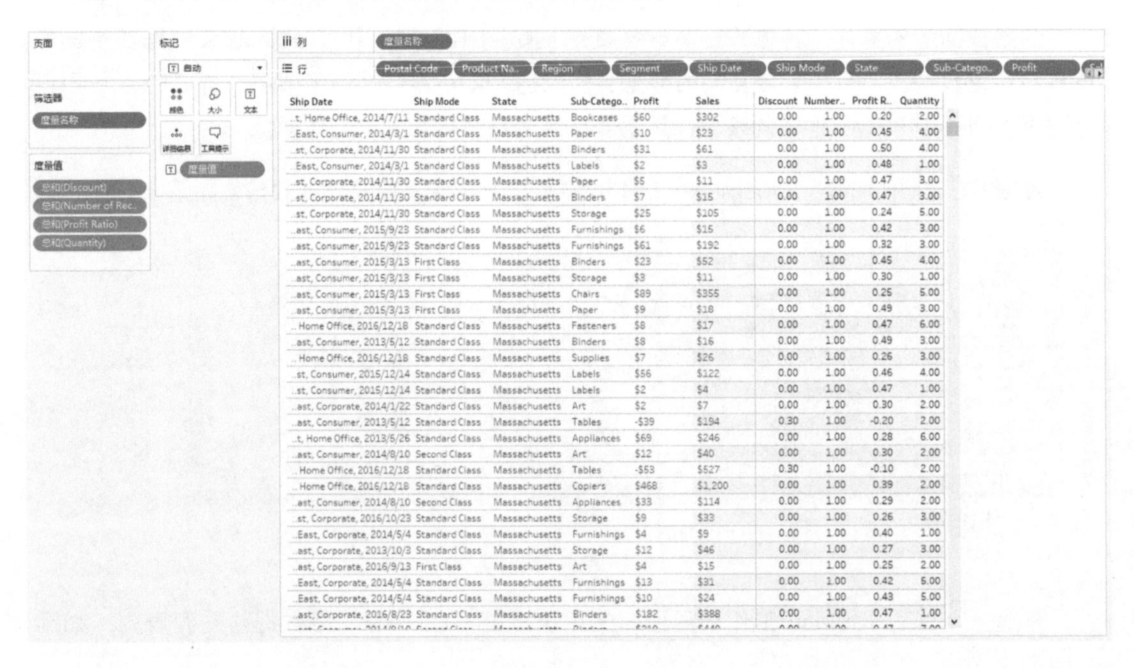

图2-9

操作完成■

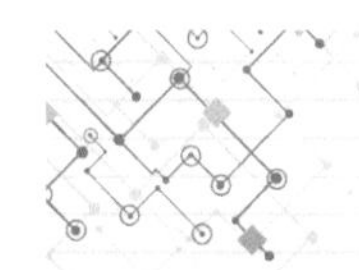

任务二 数据整合

一 连接两张表

在数据分析过程中，所需数据可能来自多张表，甚至以不同的文件类型存在。利用 Tableau 的数据整合功能可实现数据源的多表连接以及多数据源的数据整合。

下面我们以“2018 年各地区 GDP 情况”的两张表为例演示数据连接操作。如图 2－10 所示，两张表分别记录了若干省份（自治区、直辖市）2018 年的 GDP 值，并且两表存在“重复”数据。

	A	B
1	地区	GDP
2	北京市	30319.98
3	天津市	18809.64
4	河北省	36010.27
5	山西省	16818.11
6	内蒙古自治区	17289.22
7	辽宁省	25315.35
8	吉林省	15074.62
9	黑龙江省	16361.62
10	上海市	32679.87
11	江苏省	92595.4

	A	B
1	地区	GDP
2	山西省	16818.11
3	内蒙古自治区	17289.22
4	辽宁省	25315.35
5	吉林省	15074.62
6	黑龙江省	16361.62
7	上海市	32679.87
8	江苏省	92595.4
9	浙江省	56197.15
10	安徽省	30006.82
11	福建省	35804.04

图 2－10

步骤 1 打开 Tableau，连接到表“两表连接1_1”，单击［添加］，打开表“两表连接1_2”。如图 2－11 所示。

图 2－11

注❶ 连接类型分为内部连接、左侧连接、右侧连接、完全外部连接四种。其中“内部连接”的结果是两表所共有的数据个体集合；“左侧连接”表示以左侧表为基准，右侧表与左侧表重合的部分数据会被提取出来；“右侧连接”表示以右侧表为基准，左侧表与右侧表重合的部分数据会被提取出来；“完全外部连接”表示查询结果集合中包含左、右表的所有数据行。

注❷ 两表默认进行内部连接，如果不希望按照默认的方式连接，可以手动为其指定连接方式。

步骤 2 两表左侧连接，如图 2－12 所示。

步骤 3 两表右侧连接，如图 2－13 所示。

步骤 4 两表完全外部连接，如图 2－14 所示。

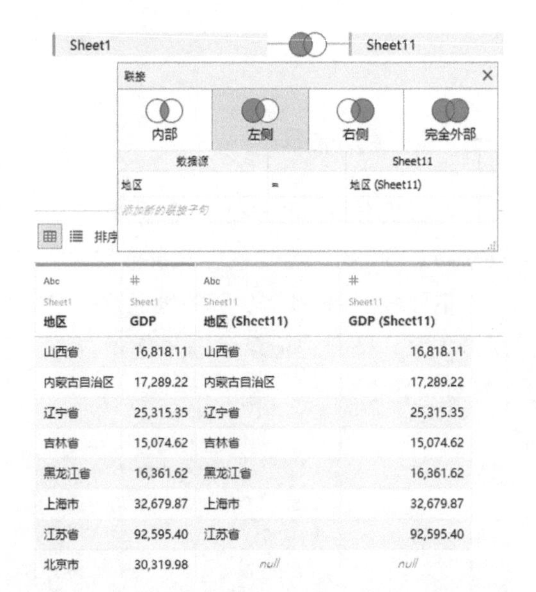

地区	GDP	地区 (Sheet11)	GDP (Sheet11)
山西省	16,818.11	山西省	16,818.11
内蒙古自治区	17,289.22	内蒙古自治区	17,289.22
辽宁省	25,315.35	辽宁省	25,315.35
吉林省	15,074.62	吉林省	15,074.62
黑龙江省	16,361.62	黑龙江省	16,361.62
上海市	32,679.87	上海市	32,679.87
江苏省	92,595.40	江苏省	92,595.40
北京市	30,319.98	null	null

图2－12

Sheet1 — Sheet11
联接：内部 左侧 右侧 完全外部
数据源 地区 = Sheet11 地区 (Sheet11)
添加新的联接子句

地区	GDP	地区 (Sheet11)	GDP (Sheet11)
山西省	16,818.11	山西省	16,818.11
内蒙古自治区	17,289.22	内蒙古自治区	17,289.22
辽宁省	25,315.35	辽宁省	25,315.35
吉林省	15,074.62	吉林省	15,074.62
黑龙江省	16,361.62	黑龙江省	16,361.62
上海市	32,679.87	上海市	32,679.87
江苏省	92,595.40	江苏省	92,595.40
null	null	浙江省	56,197.15

图2－13

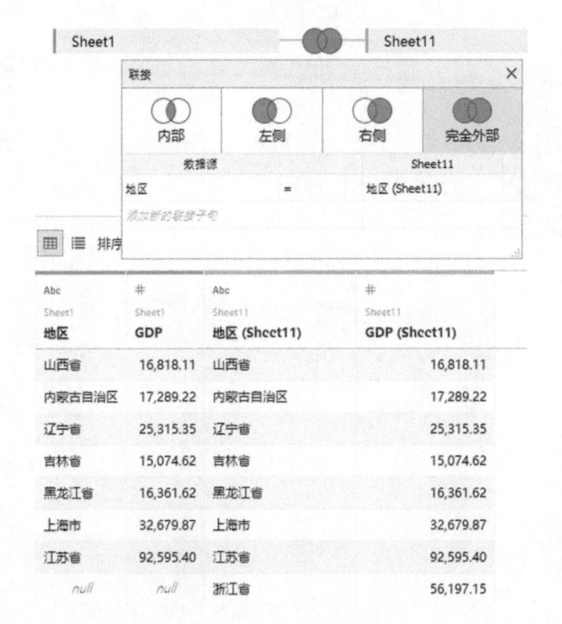

地区	GDP	地区 (Sheet11)	GDP (Sheet11)
山西省	16,818.11	山西省	16,818.11
内蒙古自治区	17,289.22	内蒙古自治区	17,289.22
辽宁省	25,315.35	辽宁省	25,315.35
吉林省	15,074.62	吉林省	15,074.62
黑龙江省	16,361.62	黑龙江省	16,361.62
上海市	32,679.87	上海市	32,679.87
江苏省	92,595.40	江苏省	92,595.40
null	null	浙江省	56,197.15

图2－14

操作完成■

二 连接多张表

步骤 1 打开 Tableau，连接到表“data1”，依次添加表“data2”和“data3”，如图 2-15 所示。

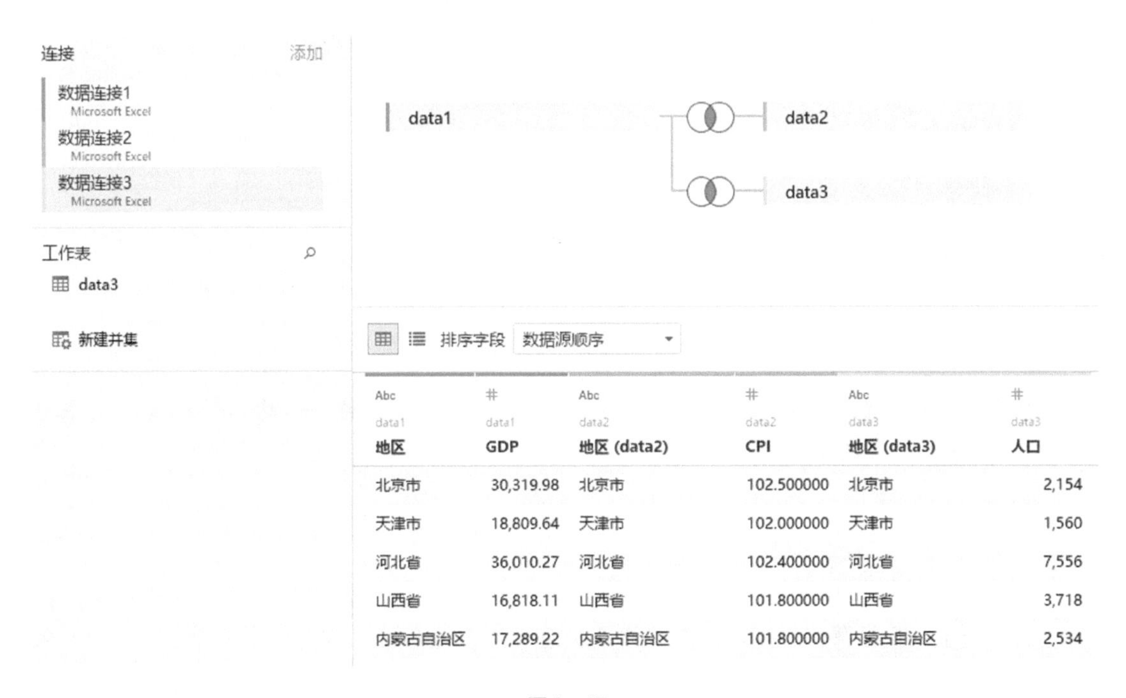

地区	GDP	地区 (data2)	CPI	地区 (data3)	人口
北京市	30,319.98	北京市	102.500000	北京市	2,154
天津市	18,809.64	天津市	102.000000	天津市	1,560
河北省	36,010.27	河北省	102.400000	河北省	7,556
山西省	16,818.11	山西省	101.800000	山西省	3,718
内蒙古自治区	17,289.22	内蒙古自治区	101.800000	内蒙古自治区	2,534

图 2-15

步骤 2 分别对两个连接的连接方式进行设置，如图 2-16 所示。

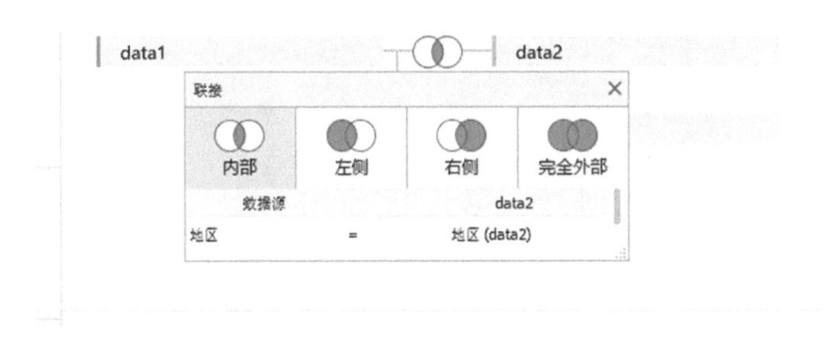

图 2-16

注 完成表连接后，选择［转到工作表］，即可在数据窗口看到三张数据表的信息。

操作完成■

三 数据融合

对于同类型数据源，可进行数据连接。对不同类型的数据源，则需要采用数据融合加以整合。

现拟将表“superstore 超市数据”与表“2019 销售”进行整合。由于两表属于不同数据源，若直接进行“两表连接”操作则会出现如图 2－17 所示的警告信息。

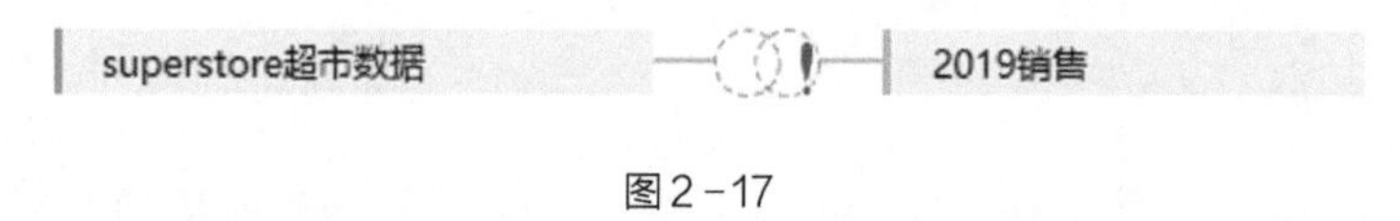

图 2－17

注 当表之间自动连接失败时，会显示警告信息。此时需要采用添加数据源的方式实现数据整合。

步骤 1 连接表“superstore 超市数据”，依次点选［数据］—［新建数据源］—［2019 销售］，如图 2－18 所示。

注 在数据融合中，提供主要信息的数据表为主数据源，主数据源带有蓝色标记，如图 2－19 所示。

除了主数据源外，其他被使用的数据表带有橙色标记，作为从数据源，如图 2－20 所示。

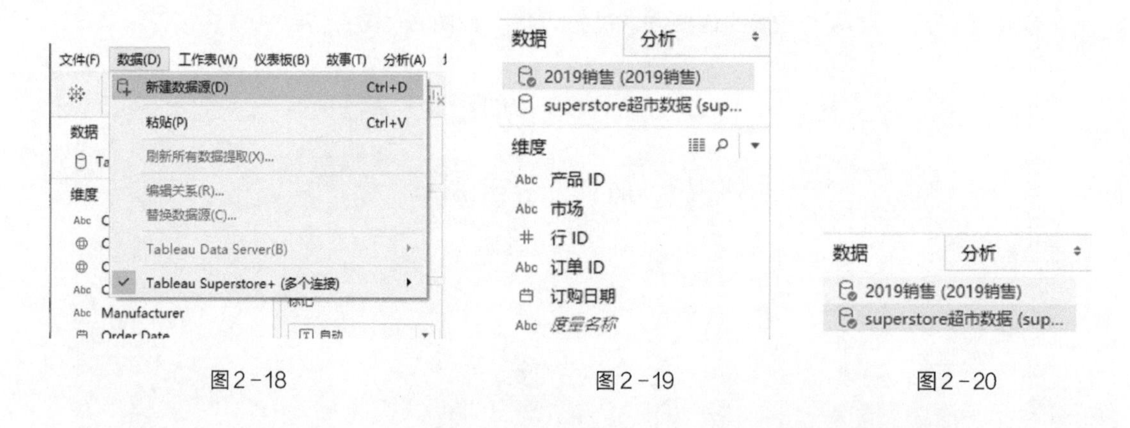

图 2－18 图 2－19 图 2－20

步骤 2 依次点选菜单栏［数据］—［编辑关系］来创建或修改当前数据源的关联关系，如图 2－21 所示。

步骤 3 在弹出的“关系”对话框内，可以通过下拉列表框的方式选择主数据源，如图 2－22 所示。

图2－21

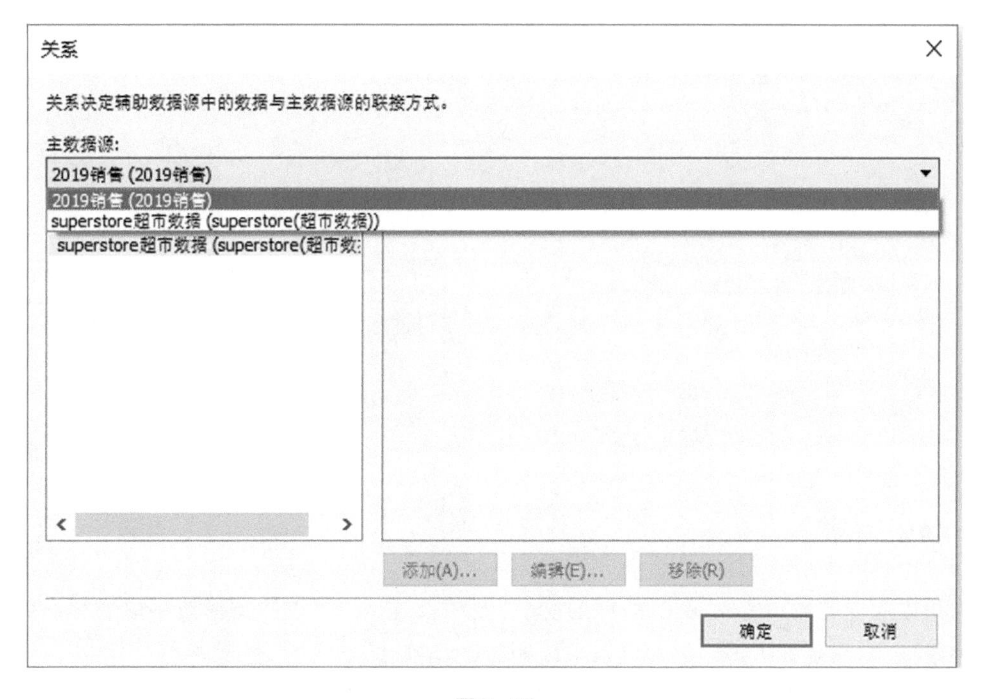

图2－22

操作完成■

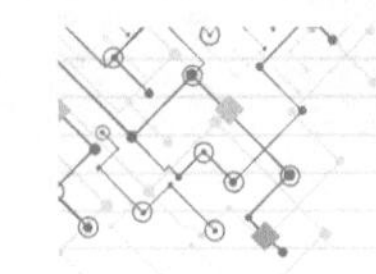

任务三　数据维护

一　数据查看

在数据分析过程中，往往需要查看数据来源，可通过依次点选菜单栏［数据］—［当前数据源］—［查看数据］实现，如图2－23所示。

操作结果如图2－24所示。在查看数据界面的［维度］工作区上方有查看数据按钮，单击此按钮可以对数据进行查看。

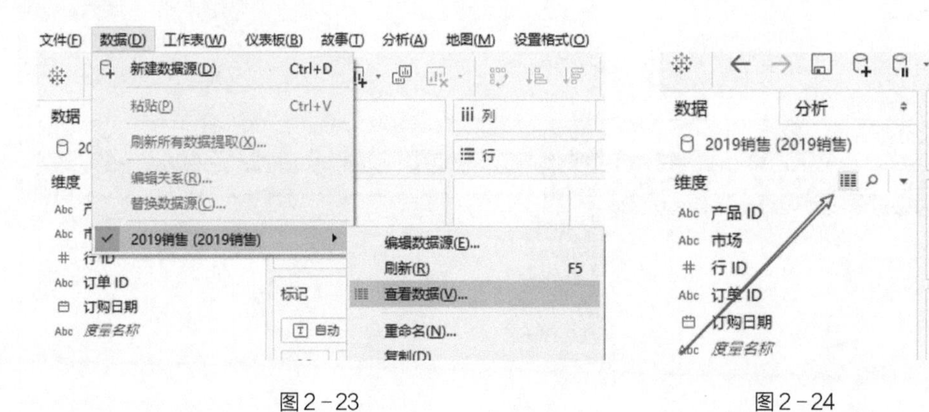

图2－23　　　　图2－24

二　数据刷新

当数据源中的数据发生变化后（包括添加新字段或行、更改数据值或字段名称、删除数据或字段），需要更新数据源时，可以采用刷新数据操作。依次点选菜单栏［数据］—［当前数据源］—［刷新］，可在不断开连接的情况下即时更新数据，如图2－25所示。

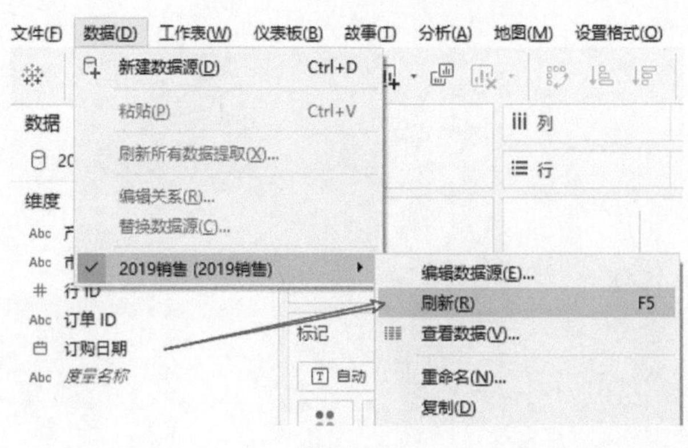

图2－25

注 如果工作簿中视图所使用的数据源字段被移除，则完成刷新数据操作后，系统会提示一条警告消息，说明该字段将从视图中移除。工作表中使用该字段的视图将无法正确显示。

三 数据替换

如果希望使用新的数据源来替换已有的数据源，而不希望新建工作簿，则可进行“替换数据源”操作。如上例中，希望将旧数据源“2019 销售”替换为新数据源“2019 产品”。

步骤 1 依次点选菜单栏［数据］—［替换数据源］如图 2 - 26 所示，进入“替换数据源”对话框。

在该工作表中，至少有一个使用活跃的数据源是应替换的数据源。

步骤 2 将字段拖到视图中即可将对应的数据源设置为主数据源。主数据源默认为“替换数据源”对话框中的当前数据源，如图 2 - 27 所示。

图 2 - 26　　图 2 - 27

注 完成数据源替换后，当前工作表的主数据源即变更为新数据源。

操作完成■

四 数据删除

使用了新数据源后，可以关闭原有数据源连接，具体方法是依次点选［数据］—［当前数据源］—［关闭］，如图 2 - 28 所示。

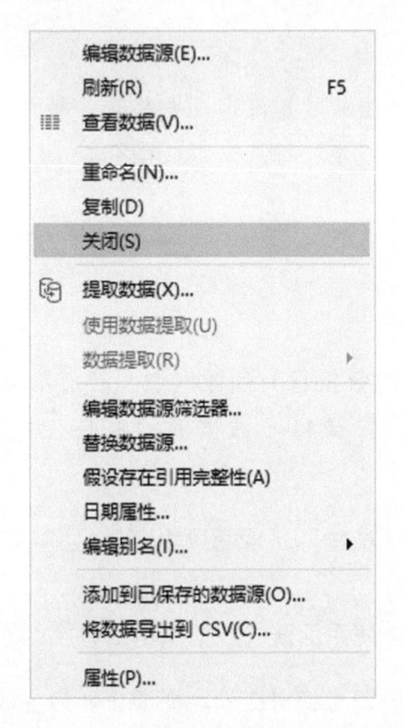

图2-28

注 执行关闭数据源操作后，被关闭的数据源即从数据源窗口中移除，所有使用了被删除数据源的视图以及工作表也会被一同删除。

操作完成■

习　题

1. 请找出几个比较权威的数据分享平台。
2. 任选一个平台，找出感兴趣的数据，将数据导入 Excel，最后连接至 Tableau，进行数据的查看、刷新、替换、删除等操作。

项 目 三
Tableau 初级可视化分析

任务一 基本图表可视化分析
任务二 进阶图表可视化分析

本项目将以常见可视化分析需求为例，介绍基本图表、组合图表以及进阶图表的创建和应用。通过本项目，读者可以学习创建各类初级视图的步骤和过程，以及根据实际业务案例进行可视化分析的方法。

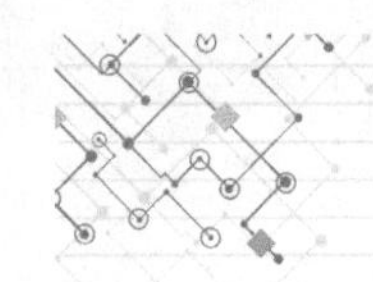

任务一　基本图表可视化分析

一　常用基础可视化图表分析

图表创建

条形图

1. 条形图

条形图（Bar Chart）是用宽度相同的条形的高度或长短来表示数据多少的图形，是最常使用的图表类型之一，通过垂直或水平的条形展示维度字段的分布情况。水平方向的条形图即为一般意义上的条形图，垂直方向的条形图通常称为柱形图（Column Chart）。条形图适用于比较不同类别的大小，需注意纵轴应从 0 开始，否则很容易产生误导。

本节将介绍如何创建一个条形图来查看某家具电商的产品销售情况。任务数据见“家具电商数据”。

步骤 1　导入数据，如图 3－1 所示。

步骤 2　进入工作表，如图 3－2 所示。

步骤 3　修改表名为“条形图”，如图 3－3 所示。

步骤 4　将维度［类别］拖到行，如图 3－4 所示。

排序字段　数据源顺序

数据 利润率	数据 记录数	数据 制造商
0.00000	1	Advantus
0.00000	1	Fellowes
0.00000	1	Avery
0.00000	1	Tenex
0.00000	1	Novimex
0.00000	1	思科
0.00000	1	Cuisinart
0.00000	1	Hoover
0.00000	1	Cuisinart
0.00000	1	Novimex
0.00000	1	Advantus

图 3－1

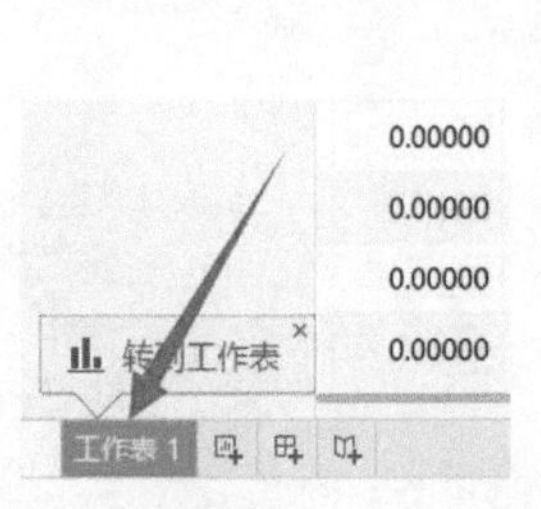

图 3－2

图 3－3

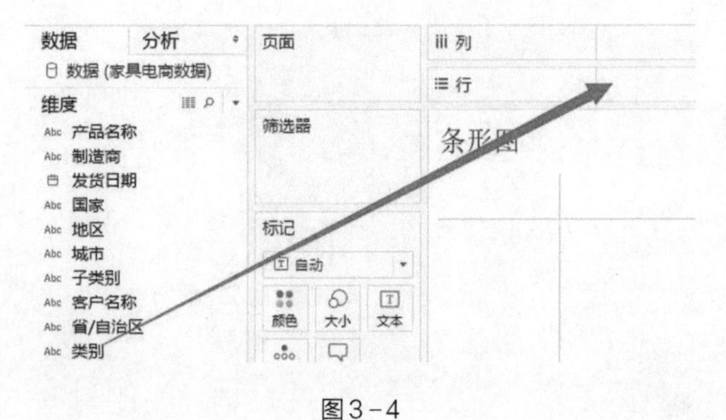

图 3－4

步骤 5　将度量［销售额］拖到列，如图 3－5 所示。

步骤 6　为图形设置降序排序，如图 3－6 所示。

注　降序排序的特点是将指标值最高的类别放在最靠前的位置，达到突出“重点”的效果。

步骤 7 为了显示数值大小，单击标记卡［标签］，勾选［显示标记标签］，如图 3-7 所示。

注 可根据需要设置标签显示与否。

步骤 8 如需将水平条形图变换为垂直条形图，可进行交换行列操作，如图 3-8 所示。

操作结果如图 3-9 所示。

注 为便于观察，需要对标签的方向加以调整。

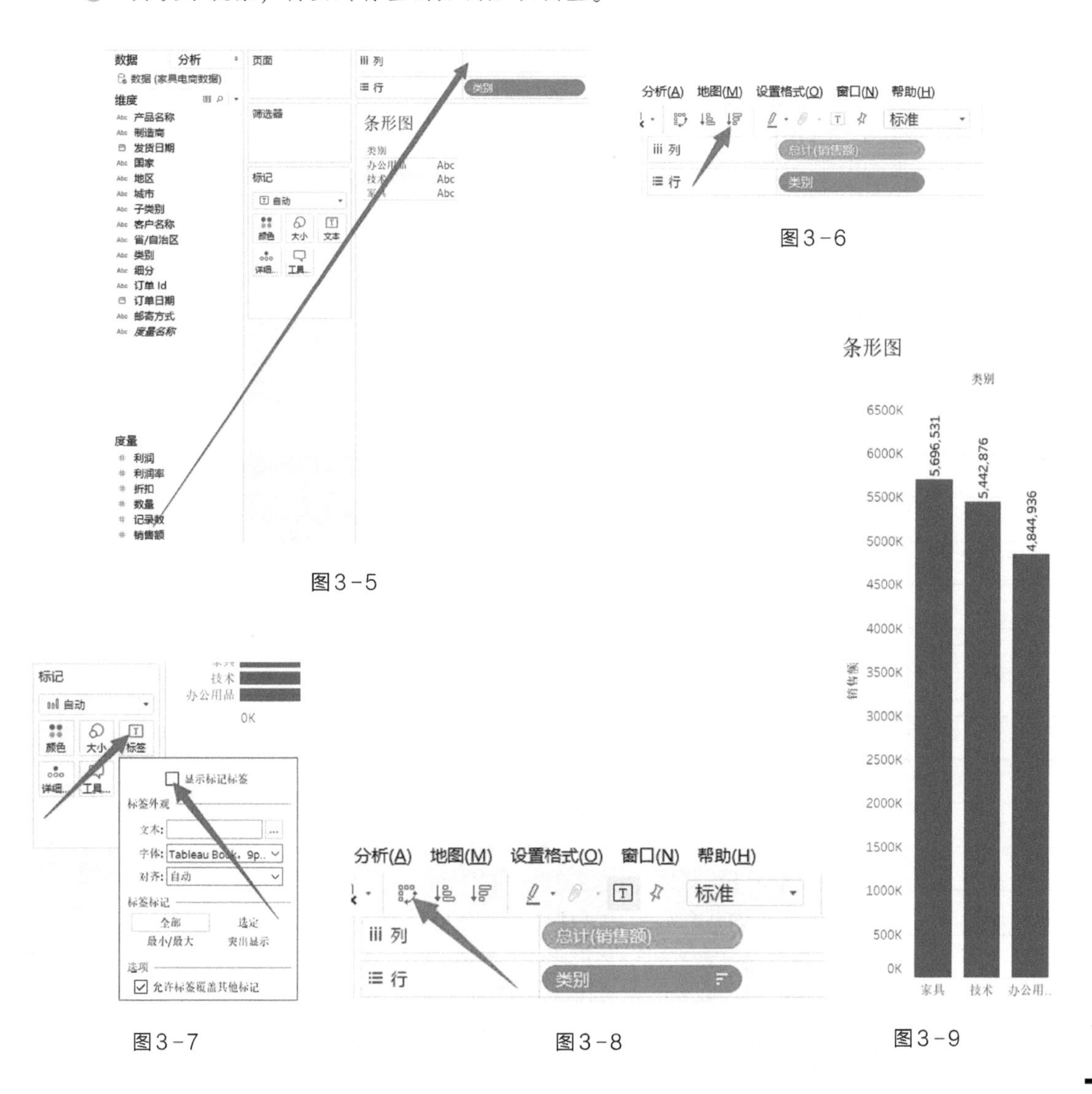

图 3-5 图 3-6 图 3-7 图 3-8 图 3-9

步骤 9 单击标记卡［标签］，再单击［对齐］右侧的“⌄”符号，在［方向］中点选“A”，如图 3-10 所示。

注❶ ［方向］中的三个字母 A，分别代表标签的顶部向上、顶部向左和顶部向右。

注❷ 设置标签方向时，可能出现操作后没有反应的情况，可以多点几次不同的方向图标再调整到所需要的方向。

操作结果如图 3－11 所示。

注 图中“办公用品”的最后一个字未能显示，且标签也没有显示出来。可以通过调整视图尺寸进行优化。

步骤 10 将视图尺寸设置为“整个视图”，如图 3－12 所示。

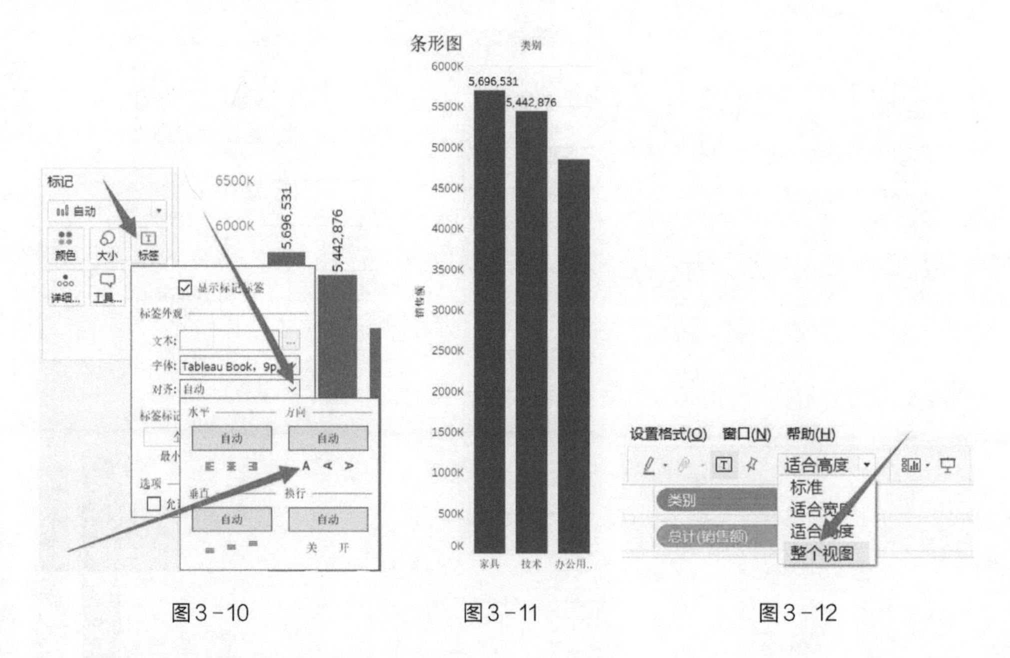

图3－10　　图3－11　　图3－12

操作结果如图 3－13 所示。

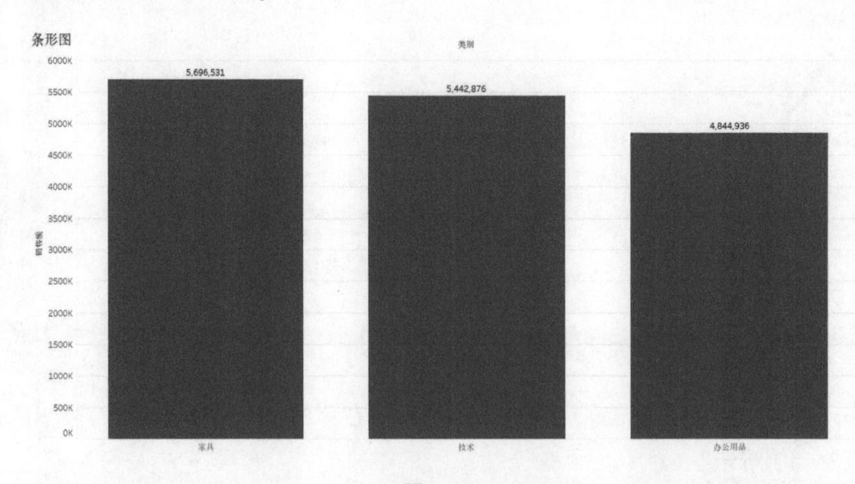

图3－13

注 由于柱体数量只有三个，视图尺寸调整为整个视图后，柱体宽度偏大，可以继续加以调整。

步骤 11 单击标记卡的［大小］，拖动滑块左移将柱体调窄，如图 3－14 所示。

步骤 12 对于视图顶部的［类别］，由于在横轴标签中已得到体现，因此可将其隐藏。右键单击［类别］所在行区域，点选［隐藏列字段标签］，如图 3－15 所示。

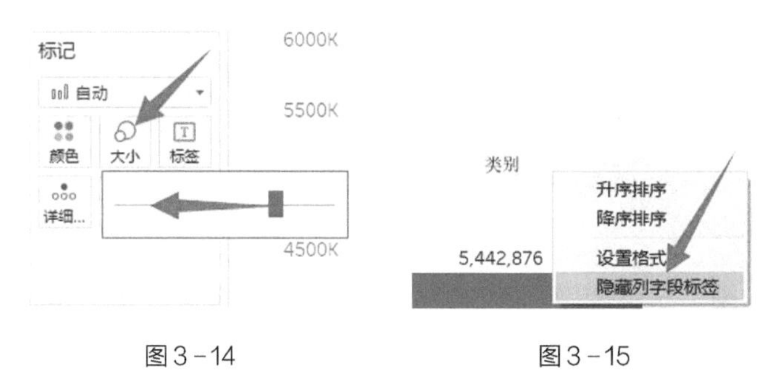

图 3－14　　图 3－15

操作结果如图 3－16 所示。

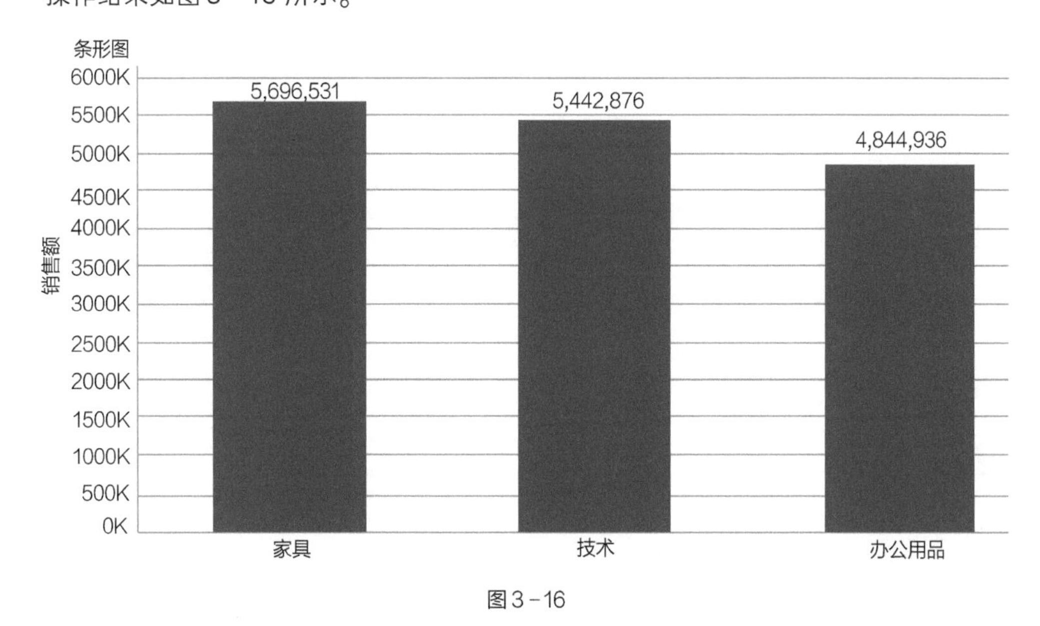

图 3－16

可见，三大类产品的销售额均在 400 万以上，其中以家具类产品的规模最大。

操作完成■

2. 直方图

直方图

直方图又称质量分布图，是一种统计报告图，由一系列高度不等的纵向条纹或线段表示数据的分布情况。一般用横轴表示数据类型，纵轴表示分布情况。它与条形图类似，主要区别在于条形图的横轴为单个类别，不用考虑纵轴上的度量值，用条形的长度表示各类别数量的多少；而直方图的横轴是对分析类别的分组（Tableau 中称为分级 bin），横轴宽度表示各组的组距，纵轴代表每级样本数量的多少。

由此看出，条形图用于展示不同类别的数据时，类别是离散的、较少的，而直方图则是对数据的类别再进行分组统计。分组的原因可能是类别具有连续性，或者类别虽然离散但是数量过多，近似于连续，当然也可能是基于某种业务需要。使用直方图分析的样本数据量最好在 50 个以上。

为了构建直方图，需先将值的范围分段，即将整个值的范围分成一系列间隔，然后计算每个间隔中有多少值。在 Tableau 中通过设置“数据桶”实现。

本节将介绍如何通过创建直方图对某公司家具电商销售额进行分组统计。

步骤 1 导入数据，如图 3－17 所示。

步骤 2 进入工作表，如图 3－18 所示。

步骤 3 修改表名为“直方图 1”，如图 3－19 所示。

步骤 4 右键单击度量区［销售额］，依次点选［创建］—［数据桶］，如图 3－20 所示。

排序字段 数据源顺序

利润率	记录数	制造商	产品名称
0.00000	1	Advantus	Advantus 灯泡, ...
0.00000	1	Fellowes	Fellowes 锁柜, 蓝色
0.00000	1	Avery	Avery 装订机, 回收
0.00000	1	Tenex	Tenex 文件夹, 工业
0.00000	1	Novimex	Novimex 沙滩椅, ...
0.00000	1	思科	思科 办公室电话...
0.00000	1	Cuisinart	Cuisinart 冰箱, 红...
0.00000	1	Hoover	Hoover 炉灶, 白色
0.00000	1	Cuisinart	Cuisinart 冰箱, 红...
0.00000	1	Novimex	Novimex 文件夹...
0.00000	1	Advantus	Advantus 灯泡, ...

图 3－17

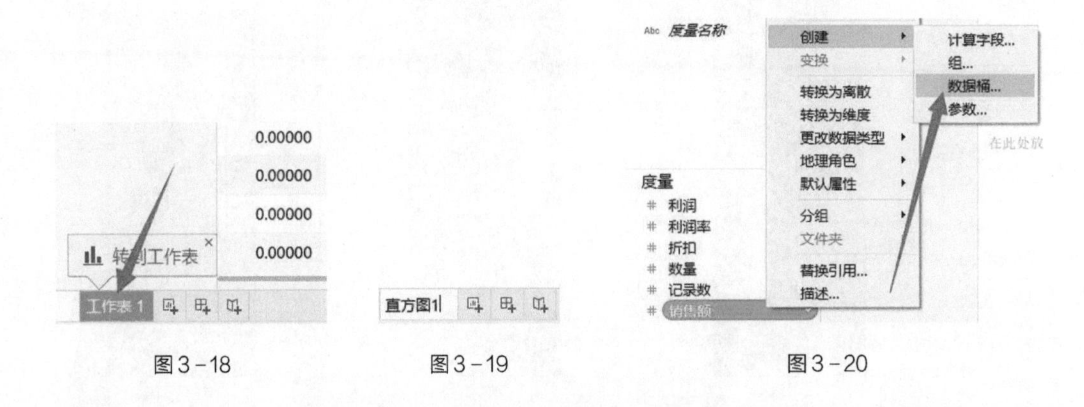

图 3－18　　图 3－19　　图 3－20

步骤 5 在弹出的“编辑级［销售额］”对话框内设置新字段名称以及数据桶大小（即销售额的分组组距）。设置数据桶大小为 8 000，单击［确定］，如图 3－21 所示。

注 在对话框的下半部分显示了数据的四个统计指标——最小值、最大值、差异（最大值与最小值的差值）、计数，方便分析人员确定最优数据桶大小。

操作结果如图 3－22 所示，在维度窗口生成了［销售额（数据桶）］字段，可用于直方图的制作。

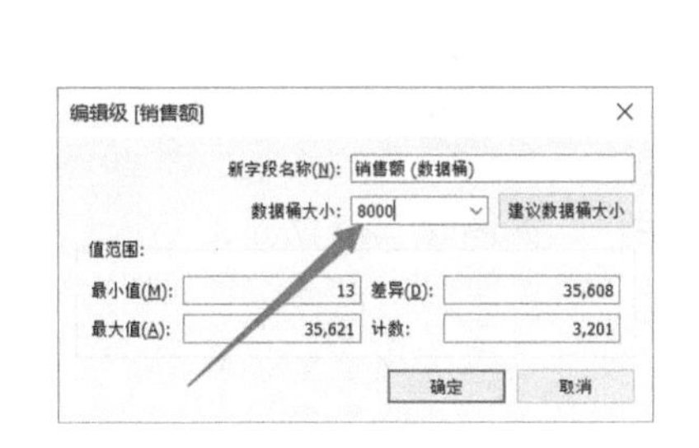

图 3 - 21

图 3 - 22

步骤 6 将［销售额（数据桶）］拖到列，如图 3 - 23 所示。

步骤 7 将［记录数］拖到行，如图 3 - 24 所示。

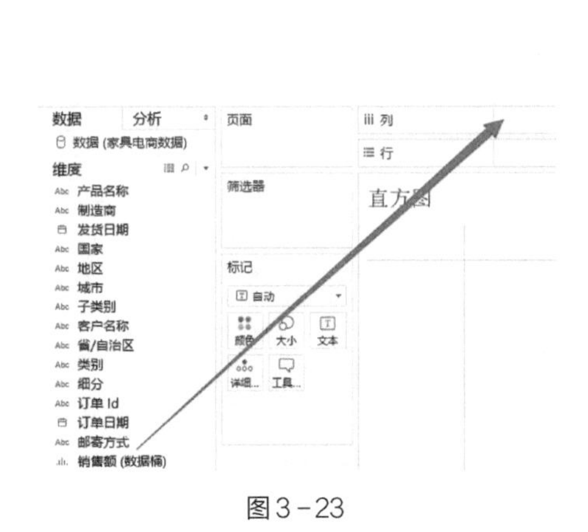

图 3 - 23

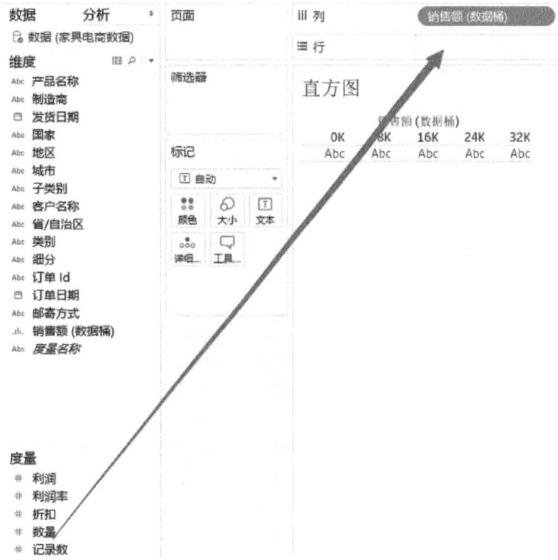

图 3 - 24

步骤 8 为了显示数值大小，单击标记卡［标签］，勾选［显示标记标签］，如图 3 - 25 所示。

操作结果如图 3 - 26 所示，每个柱体对应的轴标签为所在区间的“起点”值。为了便于查看区间起点与终点值，可以手动进行编辑。

步骤 9 右键单击区间的标签，点选［编辑别名］，如图 3 - 27 所示。

步骤 10 将第一个区间的名称修改为“0K - 8K”，如图 3 - 28 所示。

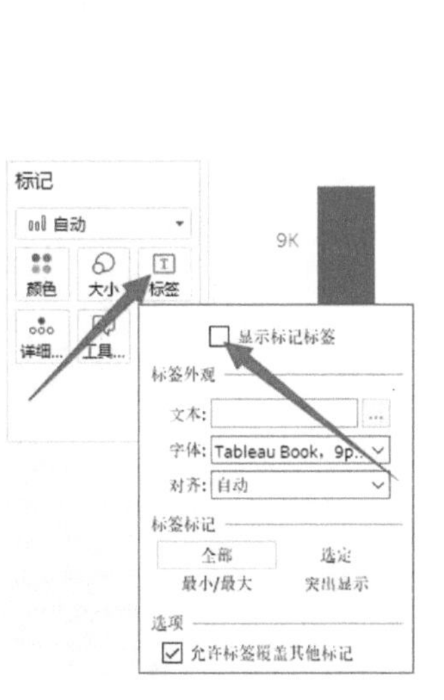

图 3 - 25

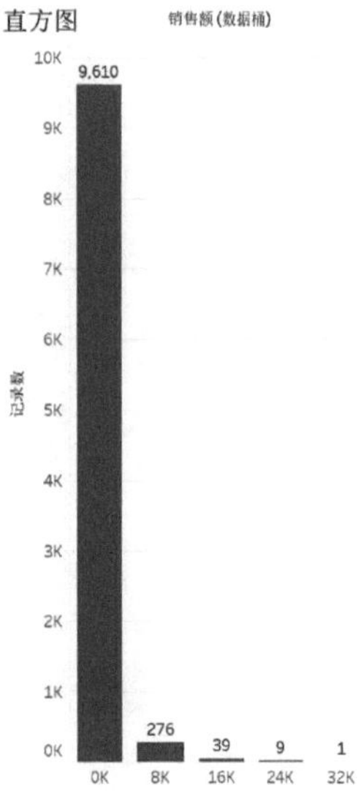

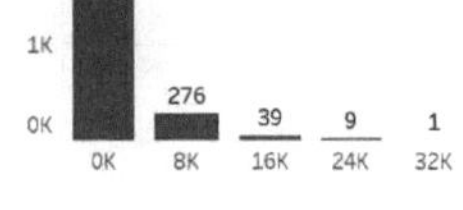

图 3 - 26

注 横轴标签的数字代表该区间的起始值，按照同样的方法可将其余四个区间的名称修改完成，具体操作略。

步骤 11 将视图尺寸调整为“整个视图”，如图 3－29 所示。

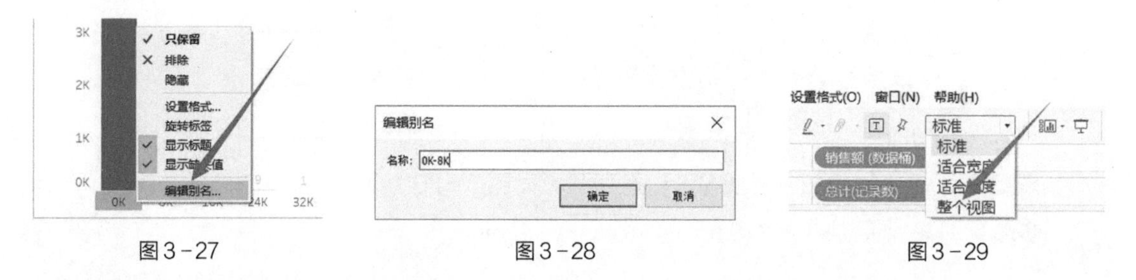

图 3－27　　图 3－28　　图 3－29

步骤 12 在标记卡中调整柱体尺寸，点选［大小］，向左侧移动滑块至合适的位置，如图 3－30 所示。

步骤 13 将视图上方的［销售额（数据桶）］隐藏，右键单击［销售额（数据桶）］所在行区域，点选［隐藏列字段标签］，如图 3－31 所示。

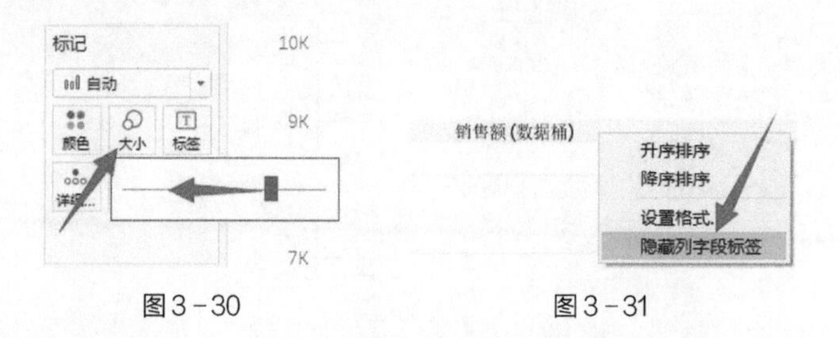

图 3－30　　图 3－31

操作结果如图 3－32 所示，可以看出订单金额主要分布在 8 000 元以内。

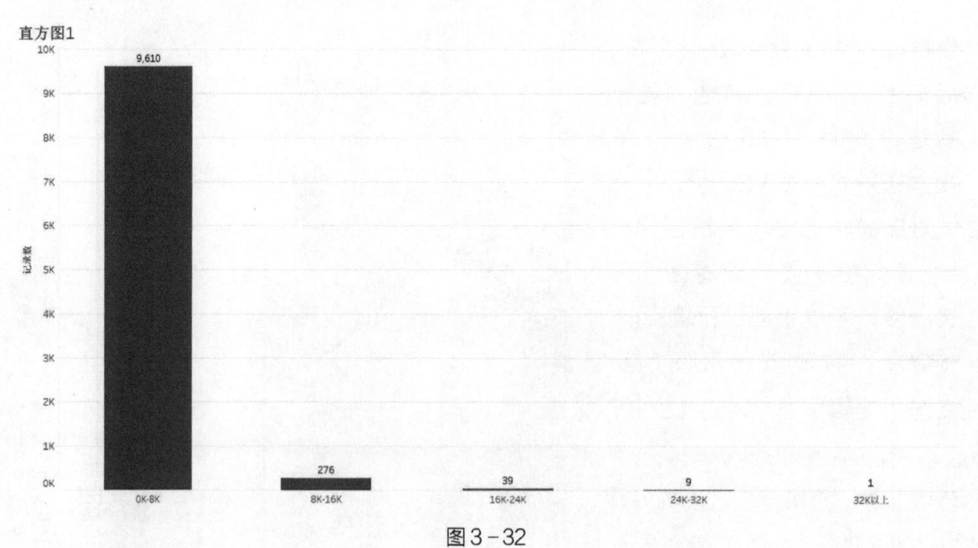

图 3－32

操作完成■

通过数据桶建立直方图，组距是固定的。若组距过大，则会导致区间数量偏少，对数据分布的刻画不够精细；若组距过小，则会导致区间数量偏多，所反映的分布信息过于“琐碎”。无论偏多还是偏少都不能很好地满足分析需要。为此，可以通过自定义字段的方法创建不等距分组，基于不等距分组的直方图可以更好地适应不同分布的数据。

步骤 1 新建工作表，如图 3－33 所示。

步骤 2 修改表名为“直方图 2”，如图 3－34 所示。

注 接下来将创建计算字段，对计算字段还会在项目五中详细介绍。

图 3－33　　图 3－34

步骤 3 右键单击空白处，创建计算字段——不等距分组，公式如下：

```
if [销售额] <3000 then '0K -3K'
elseif [销售额] <6000 then '3K -6K'
elseif [销售额] <9000 then '6K -9K'
elseif [销售额] <15000 then '9K -15K'
else '15K 以上'
end
```

如图 3－35、图 3－36 所示。

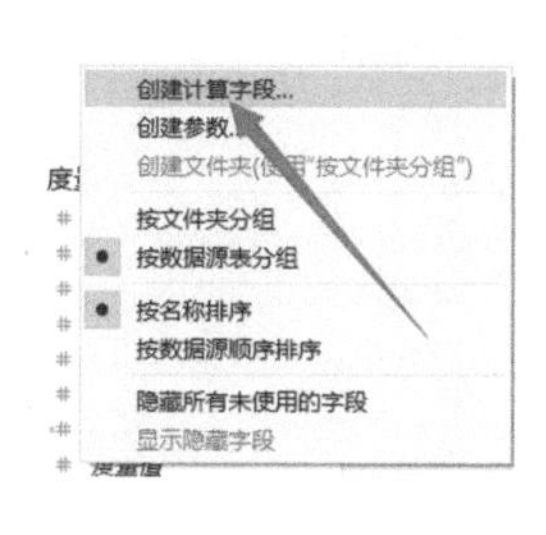

图 3－35

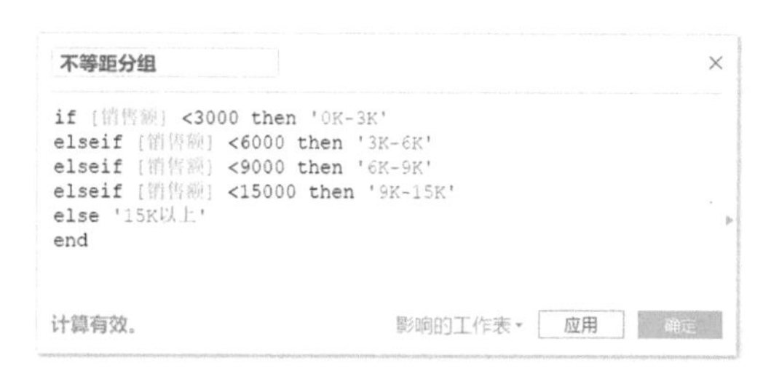

图 3－36

注① 在录入公式过程中，可直接将所涉及的字段名称拖入公式编辑区，如图 3－37 所示。

注② 公式录入完成后，如果没有错误则系统会显示：计算有效，如图 3－38 所示。

步骤 4 将［不等距分组］拖到列，如图 3－39 所示。

步骤 5 将［记录数］拖到行，如图 3－40 所示。

步骤 6 为了显示数值大小，单击标记卡［标签］，勾选［显示标记标签］，如图 3－41 所示。

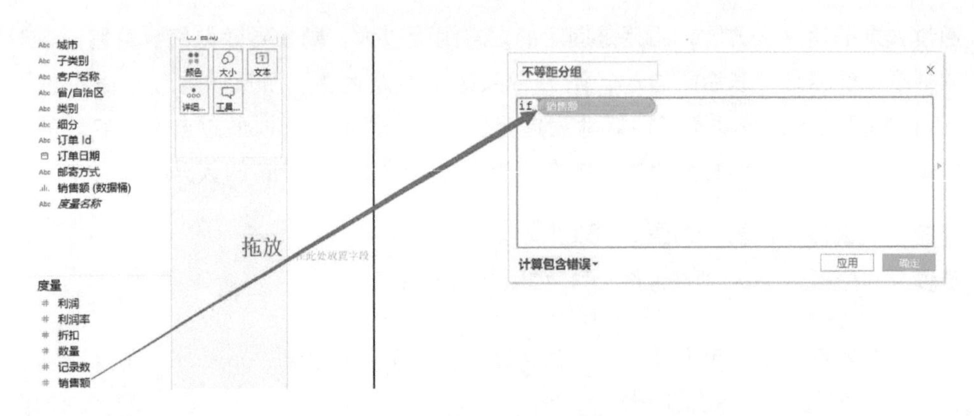

图3-37

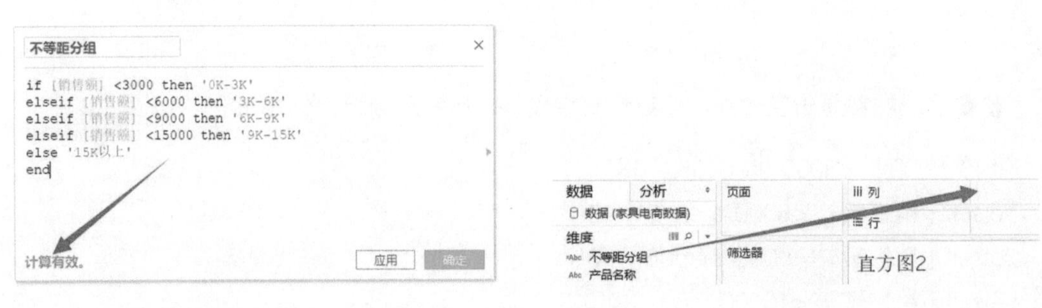

图3-38　　图3-39

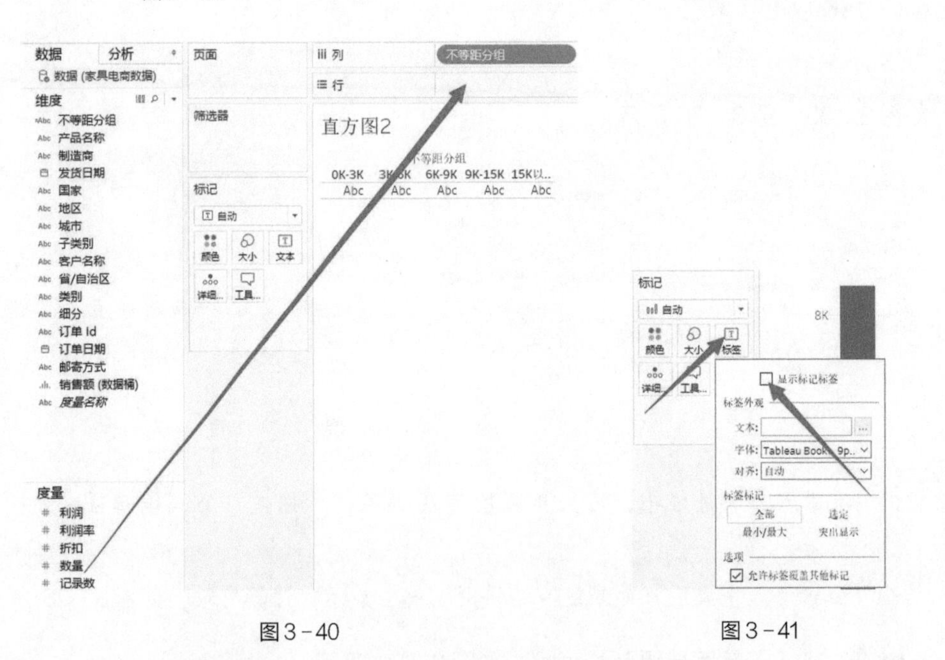

图3-40　　图3-41

步骤7　将视图尺寸调整为“整个视图”，如图3－42 所示。

步骤8　在标记卡中调整柱体尺寸，点选［大小］，向左侧移动滑块至合适的位置，如图3－43 所示。

步骤 9 将视图上方的［不等距分组］隐藏，右键单击［不等距分组］所在行区域，点选［隐藏列字段标签］，如图 3－44 所示。

操作结果如图 3－45 所示。

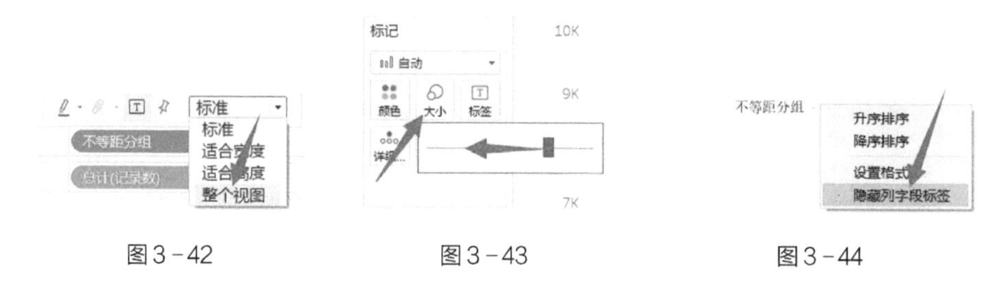

图 3－42　　图 3－43　　图 3－44

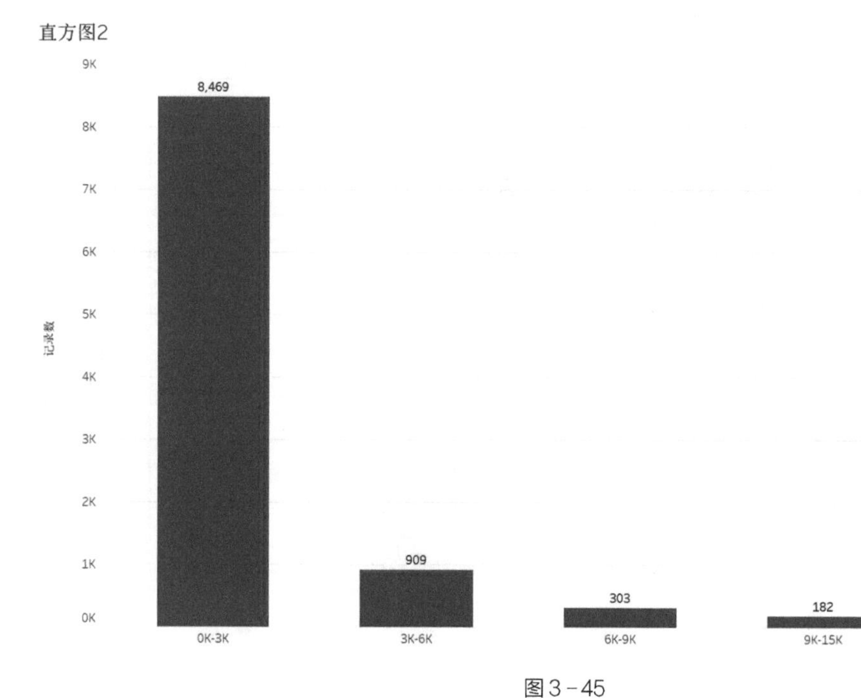

图 3－45

注　如需显示各区间的销售额占比，可通过设置“快速表计算”实现，对表计算还将在项目五中详细介绍。

步骤 10 右键单击行区域的［总计（记录数）］，依次点选［快速表计算］—［总额百分比］，如图 3－46 所示。

操作结果如图 3－47 所示。

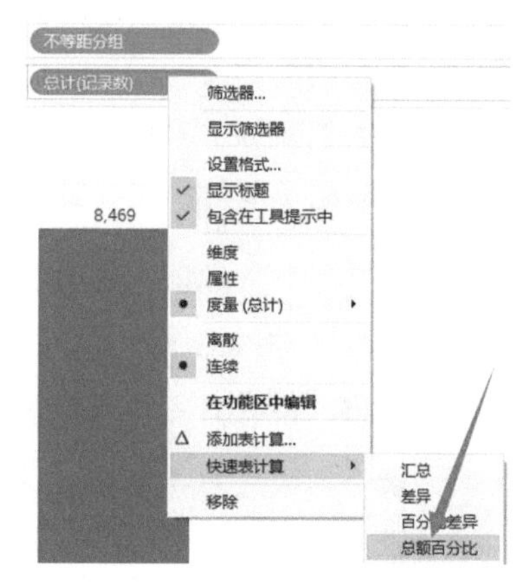

图 3－46

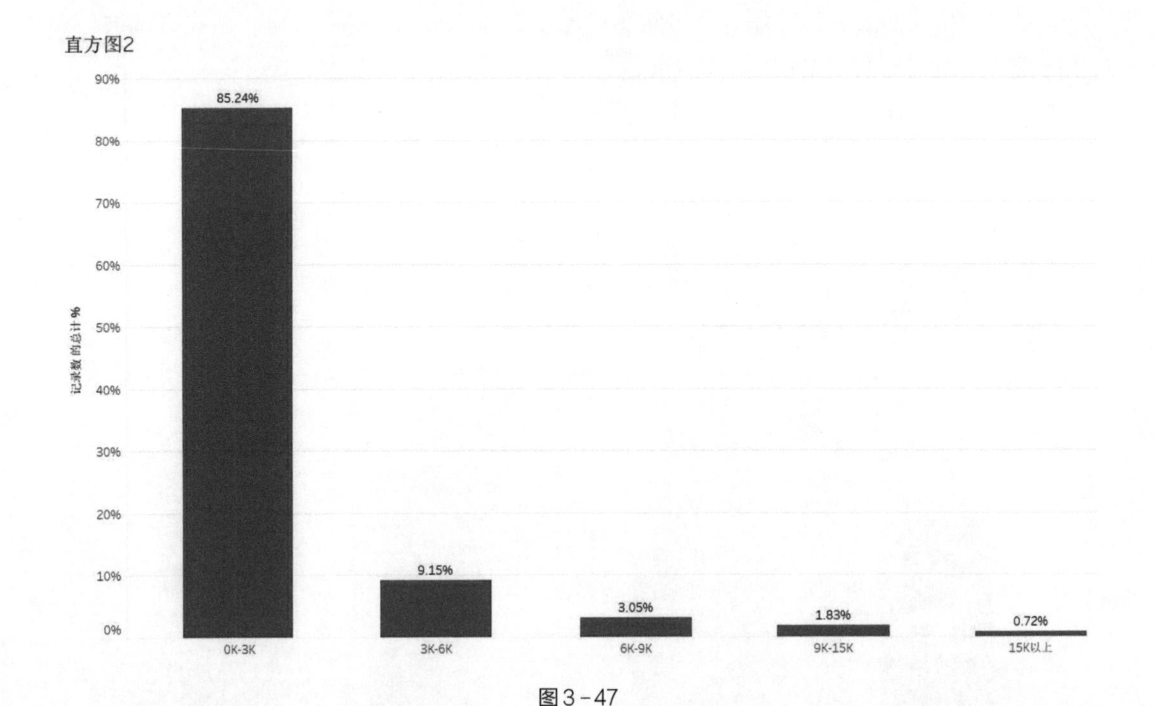

图3-47

操作完成■

对销售额进行不等距分组后，我们发现该平台的订单金额主要集中在3 000 元以内，占比达到85%。而金额在9 000 元以内的订单销售额占比超过95%。

折线图

利润率	记录数	制造商
0.00000	1	Advantus
0.00000	1	Fellowes
0.00000	1	Avery
0.00000	1	Tenex
0.00000	1	Novimex
0.00000	1	思科
0.00000	1	Cuisinart
0.00000	1	Hoover
0.00000	1	Cuisinart
0.00000	1	Novimex
0.00000	1	Advantus

图3-48

3. 折线图

折线图同条形图、直方图一样是一种使用率很高的图形，它是一种以折线的上升或下降来表示统计数量的增减变化趋势的统计图，适用于时间序列的数据，而且可以直观地反映同一指标随时间序列发展变化的趋势。

下面我们仍以“家具电商数据”为例，使用折线图对该电商平台在过去若干年的销售数量进行分析。

步骤1 导入数据，如图3-48所示。

步骤2 进入工作表，如图3-49所示。

步骤3 修改表名为“折线图”，如图3-50所示。

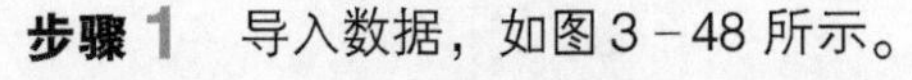

步骤4 将［订单日期］拖到列，如图3-51所示。

步骤5 右键单击［年(订单日期)］，在下拉菜单中点选“月”，如图3-52所示。

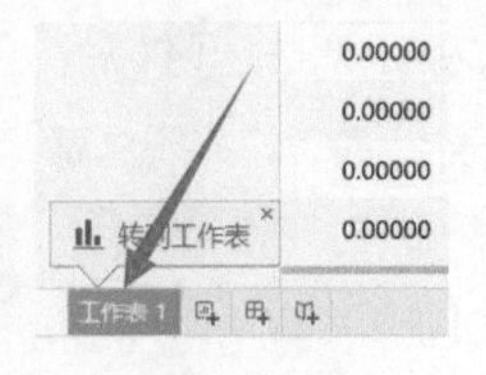

图3-49

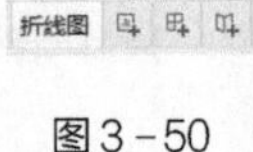

图3-50

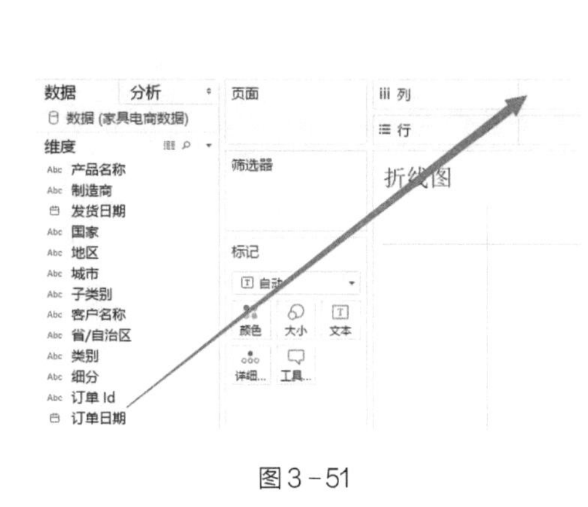

图 3－51

图 3－52

注❶ 该操作调整日期的格式为"20××年×月"，对字段的分层结构还将在项目五中详细介绍。

注❷ 时间尺度可根据分析的需要进行调整。

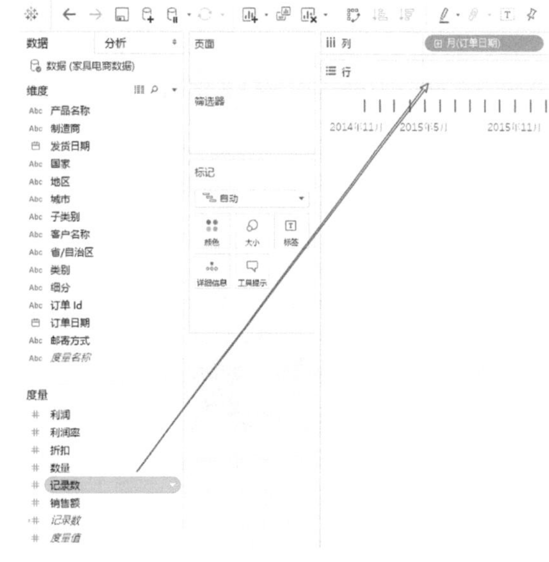

图 3－53

步骤 6 将［记录数］拖到行，如图 3－53所示。

操作结果如图 3－54 所示，显示了 2015 年 1 月至 2018 年 12 月之间的月总订单量变化趋势。

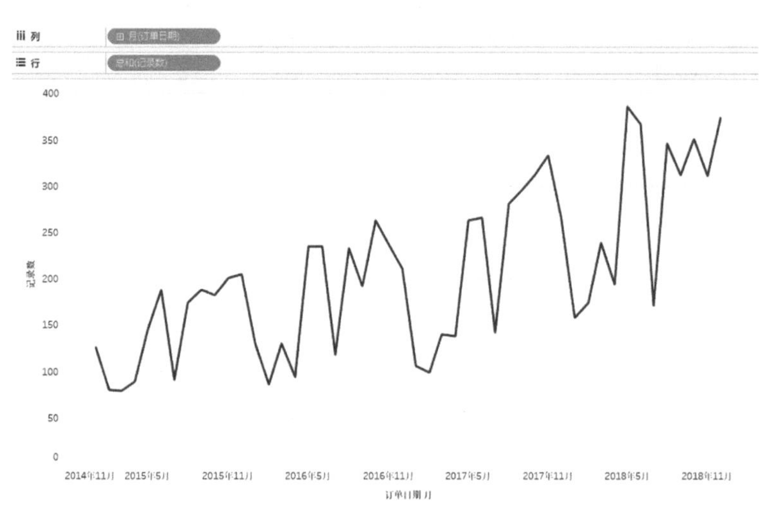

图 3－54

步骤 7 为了查看不同产品类别的变化趋势，可将［类别］拖到［颜色］，如图 3－55 所示。

操作结果如图 3－56 所示，可见不同类别的产品以不同颜色的折线显示。

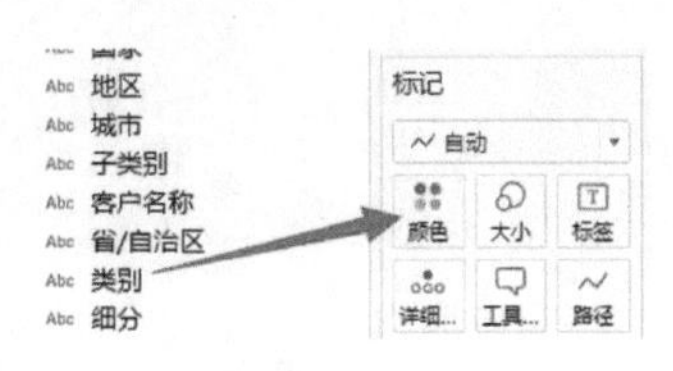

图 3－55

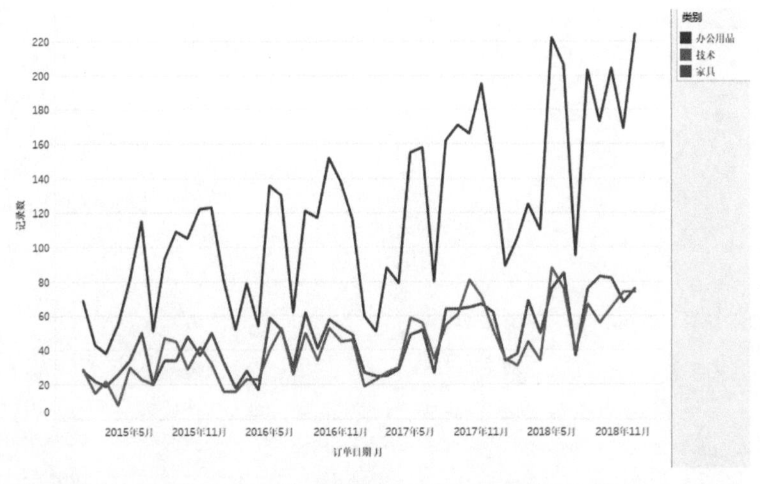

图 3－56

注 如需要查看某类或某几类产品的折线图，可通过加入筛选器实现。

步骤 8 将［类别］拖到筛选器，如图 3－57 所示。

操作结果如图 3－58 所示，此时的状态是“全选”。

步骤 9 如果只需要查看“办公用品”类产品的数据，可将其余类别取消点选，如图 3－59所示。

操作结果如图 3－60 所示。

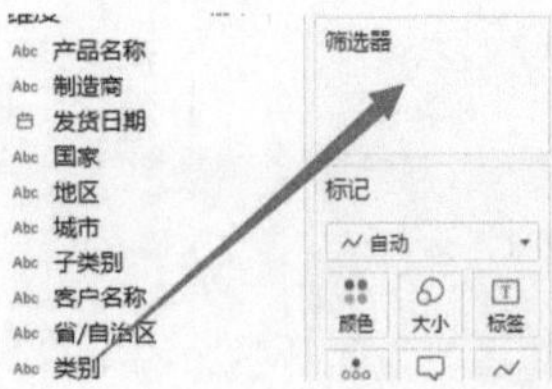

图 3－57

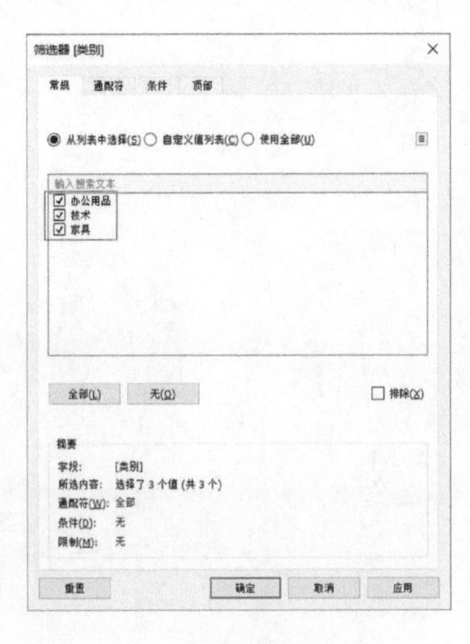

图 3－58

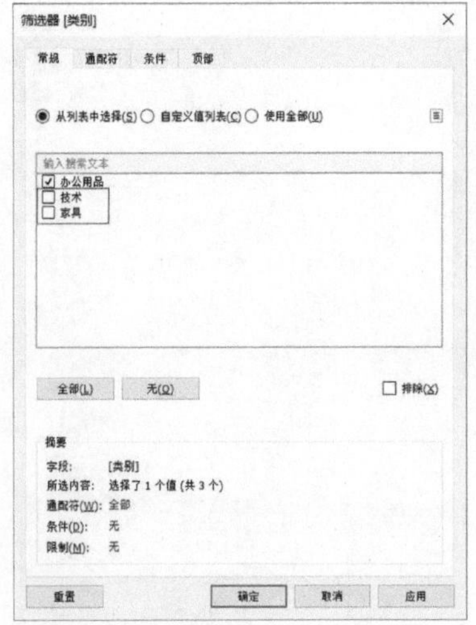

图 3－59

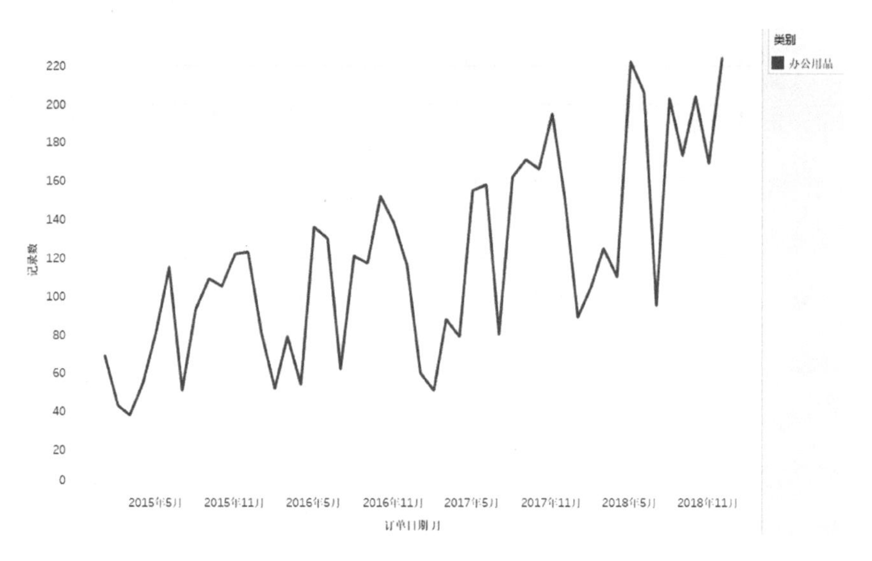

图 3-60

步骤 10 如需继续调整选择，可将筛选器加以显示，右键单击筛选器卡的［类别：办公用品］，点选［显示筛选器］，如图 3-61所示。

图 3-61

操作结果如图 3-62 所示，在视图的右上方出现筛选器的选择框，可根据需要选择所需要的类别。

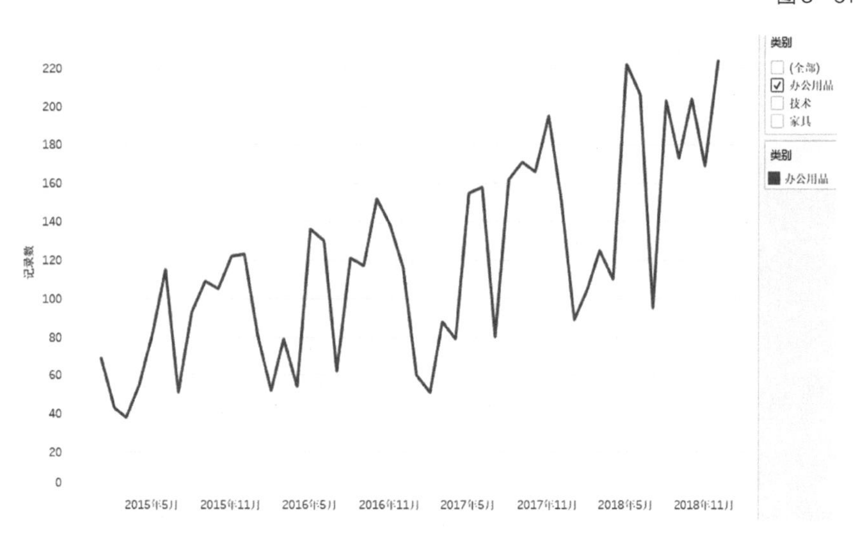

图 3-62

步骤 11 如果不需要筛选器，可右键单击筛选器选择框的任意区域，点选［移除筛选器］，如图 3-63 所示。

注 接下来将介绍显示不同类别折线图的另一种方式。

步骤 12 右键单击标记卡内的［类别］，点选［移除］，如图 3-64 所示。

步骤 13 将［类别］拖到行，如图 3-65 所示。

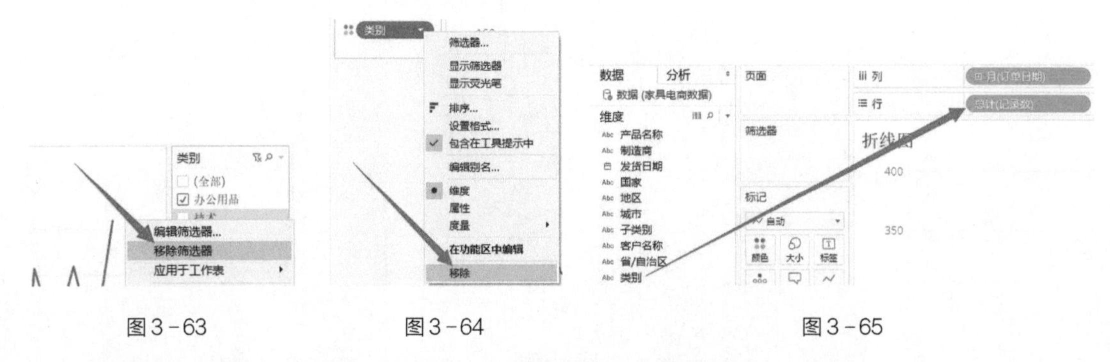

图 3-63　　图 3-64　　图 3-65

操作结果如图 3-66 所示，此时三个类别的产品分别对应三个子图。

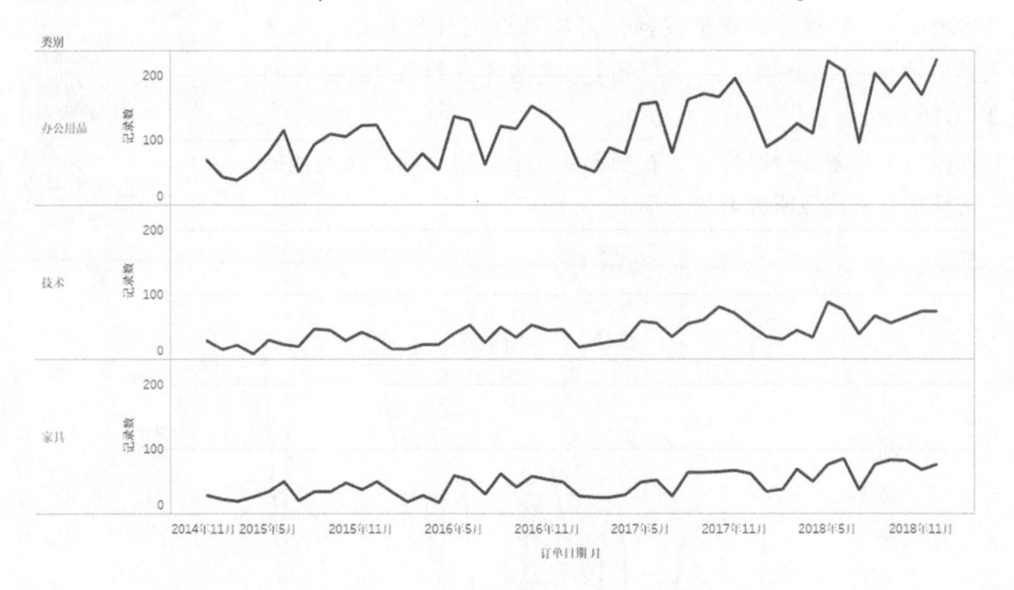

图 3-66

步骤 14 如果不需要显示分类折线图，可右键单击行区域的［类别］，点选［移除］，如图 3-67 所示。

操作完成■

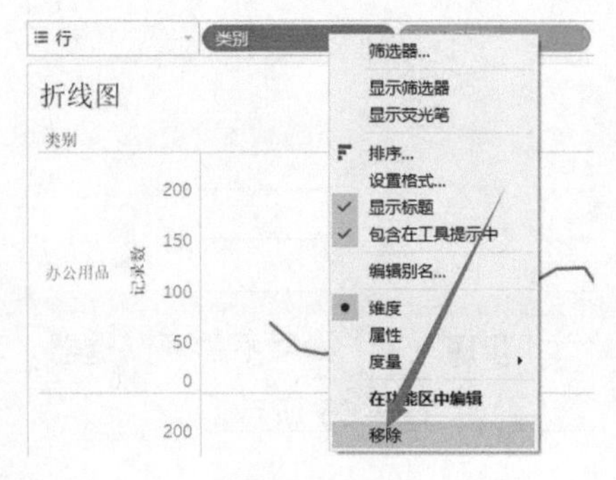

图 3-67

4. 饼图

饼图

饼图也是数据分析中的常用图形，往往用来表示不同类别的占比情况。

相同颜色的数据标记组成一个数据系列，图表中的每个数据系列具有唯一的颜色并在图表的图例中表示。每个数据系列显示为扇形面积占整个饼图的百分比。

下面我们仍以“家具电商数据”为例，使用饼图对该公司客户类别进行销售额占比分析。

利润率	记录数	制造商
0.00000	1	Advantus
0.00000	1	Fellowes
0.00000	1	Avery
0.00000	1	Tenex
0.00000	1	Novimex
0.00000	1	思科
0.00000	1	Cuisinart
0.00000	1	Hoover
0.00000	1	Cuisinart
0.00000	1	Novimex
0.00000	1	Advantus

图 3－68

步骤 1 导入数据，如图 3－68 所示。

步骤 2 进入工作表，如图 3－69 所示。

步骤 3 修改表名为“饼图”，如图 3－70 所示。

步骤 4 将［标记］改为“饼图”，如图 3－71 所示。

步骤 5 将［细分］拖到标记卡［颜色］，如图 3－72 所示。

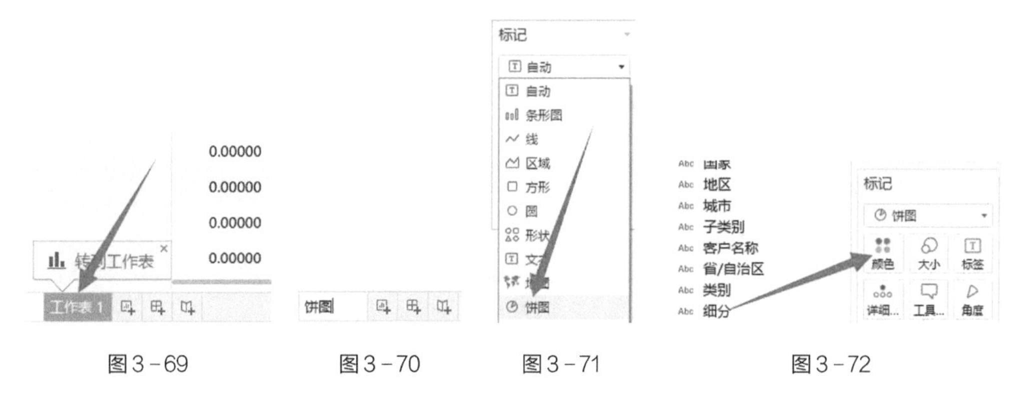

图 3－69　　图 3－70　　图 3－71　　图 3－72

步骤 6 将［销售额］拖到标记卡［角度］，如图 3－73 所示。

步骤 7 为了在饼图中显示类别名称及其占比，按下 Ctrl 键同时选取［类别］及［销售额］，并将其拖到［标签］，如图 3－74 所示。

步骤 8 为了将标签显示为百分比数值，右键单击［标记卡］销售额所对应的标签，依次点选［快速表计算］—［总额百分比］，如图 3－75 所示。

操作结果如图 3－76 所示。

步骤 9 为了精简标签百分比数值的小数位数，右键单击［标记卡］销售额所对应的标签，点选［设置格式］，如图 3－77 所示。

步骤 10 在［设置格式］界面的［区］—［默认值］中，设置数值类型为“百分比”，小数位数为 0，如图 3－78 所示。

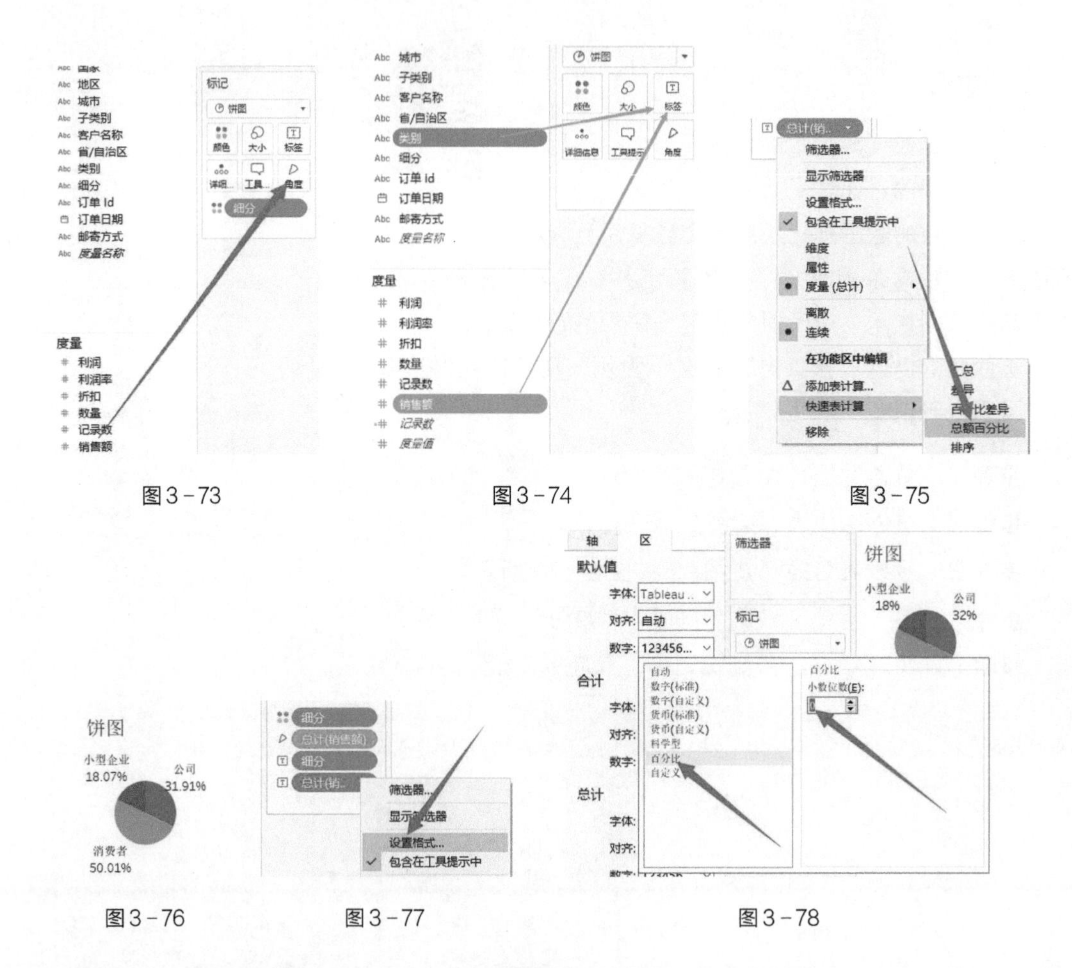

图 3 - 73　　图 3 - 74　　图 3 - 75

图 3 - 76　　图 3 - 77　　图 3 - 78

步骤 11　设置完成后，点击 × 退出设置界面，如图 3 - 79 所示。

注　饼图主体完成，接下来调整大小。

步骤 12　调整视图为“整个视图”，如图 3 - 80 所示。

操作结果如图 3 - 81 所示。可见，三类客户中，消费者占据了一半的份额，其次分别是公司与小型企业。

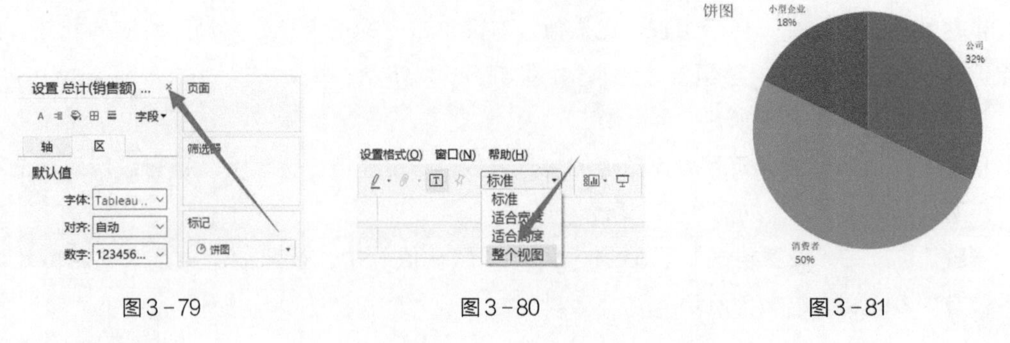

图 3 - 79　　图 3 - 80　　图 3 - 81

操作完成■

5. 词云图

词云图是由词汇组成类似云的彩色图形，每个词表示维度字段的一个取值，各个词所呈现的大小代表了其度量值的大小。词云图能够以非常直观的方式展示各词的重要性。

下面以“家具电商数据”为例，介绍制作词云图的步骤与方法。

排序字段 数据源顺序

利润率	记录数	制造商	产品名称
0.00000	1	Advantus	Advantus 灯泡, ...
0.00000	1	Fellowes	Fellowes 软柜, 蓝色
0.00000	1	Avery	Avery 装订机, 回收
0.00000	1	Tenex	Tenex 文件夹, 工业
0.00000	1	Novimex	Novimex 沙滩椅, ...
0.00000	1	思科	思科 办公室电话...
0.00000	1	Cuisinart	Cuisinart 冰箱, 红...
0.00000	1	Hoover	Hoover 炉灶, 白色
0.00000	1	Cuisinart	Cuisinart 冰箱, 红...
0.00000	1	Novimex	Novimex 文件夹...
0.00000	1	Advantus	Advantus 灯泡, ...

图 3-82

步骤 1 导入数据，如图 3-82 所示。

步骤 2 进入工作表，如图 3-83 所示。

步骤 3 修改表名为“词云图”，如图 3-84 所示。

步骤 4 将［标记］改为“文本”，如图 3-85 所示。

步骤 5 将［子类别］拖到标记卡［文本］，如图 3-86 所示。

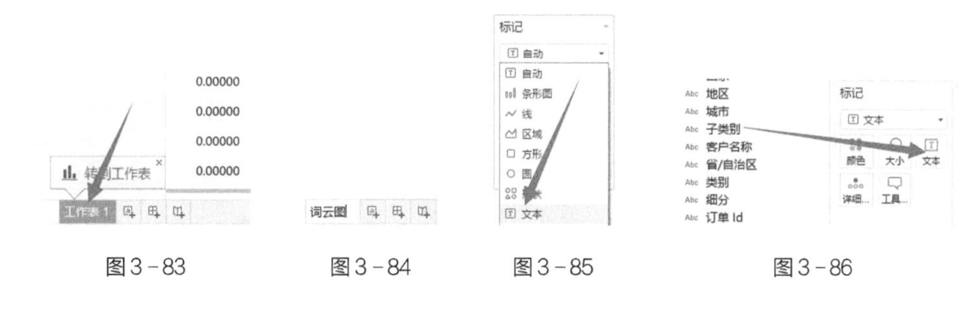

图 3-83　　图 3-84　　图 3-85　　图 3-86

步骤 6 将［记录数］拖到标记卡［大小］，如图 3-87 所示。

操作结果如图 3-88 所示。

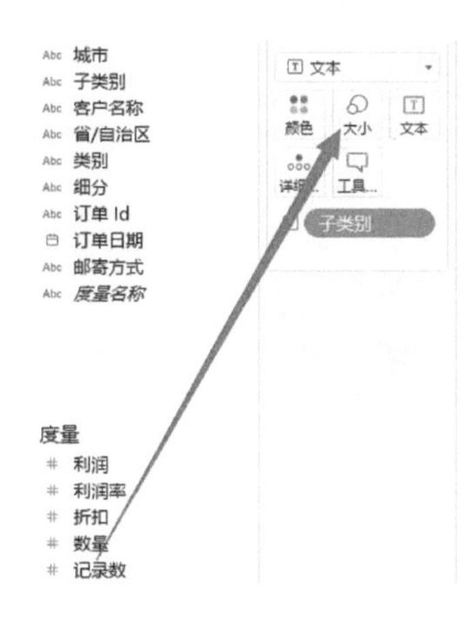

图 3-87

图 3-88

步骤 7 如需彩图，可将［子类别］拖到标记卡［颜色］，如图 3-89 所示。

操作结果如图 3-90 所示，可见椅子、装订机、收纳具等商品的销量最高。

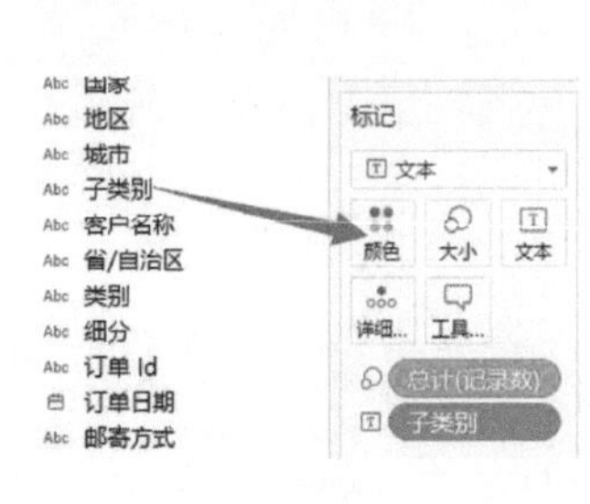

图 3－89

词云图

标签 美术
用品 电话 桌子 系固件 用具
椅子 装订机 设备 收纳具
信封 书架 配件 复印机
器具 纸张

图 3－90

操作完成■

二 可视化组合图表分析

双组合图，又称双轴折线图，是在同一个图表中分别用两个纵轴标记不同数据类型或数据范围的图形。

如图 3－91 所示，组合图可以是条形图与折线图结合，也可以是折线图与折线图结合。

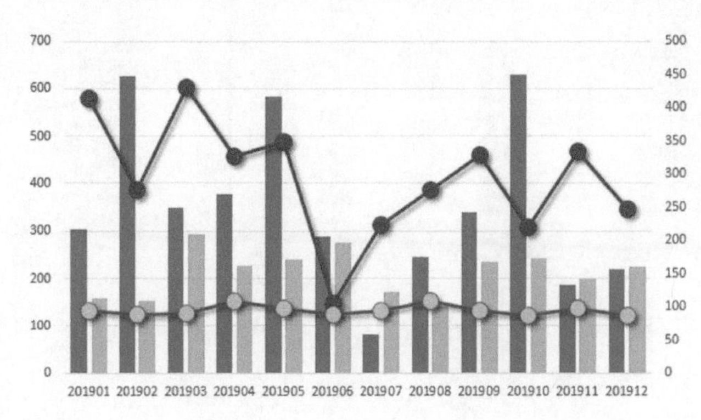

图 3－91

下面以“家具电商数据”为例，介绍双组合图的创建方法。

步骤 1 导入数据，如图 3－92 所示。

步骤 2 进入工作表，如图 3－93 所示。

步骤 3 修改表名为“双组合图”，如图 3－94 所示。

排序字段 数据源顺序

数据 利润率	数据 记录数	数据 制造商
0.00000	1	Advantus
0.00000	1	Fellowes
0.00000	1	Avery
0.00000	1	Tenex
0.00000	1	Novimex
0.00000	1	思科
0.00000	1	Cuisinart
0.00000	1	Hoover
0.00000	1	Cuisinart
0.00000	1	Novimex
0.00000	1	Advantus

图 3－92

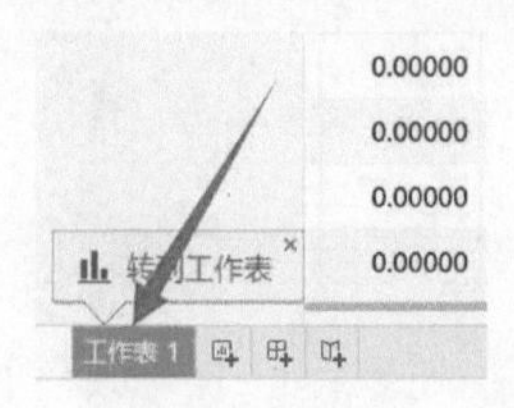

图 3－93

图 3－94

步骤 4 将［子类别］拖到列，如图 3－95 所示。

步骤 5 将［销售额］拖到行，如图 3－96 所示。

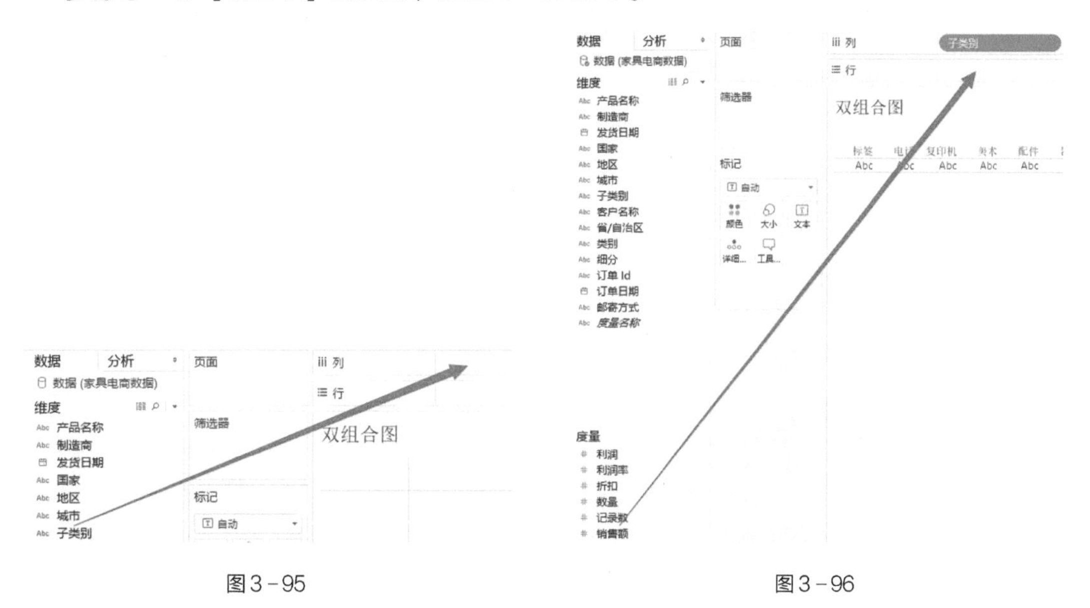

图 3－95　　图 3－96

步骤 6 右键单击视图上方的［子类别］所在的行区域，点选“隐藏列字段标签”，如图 3－97 所示。

步骤 7 将［利润率］拖到行，如图 3－98 所示。

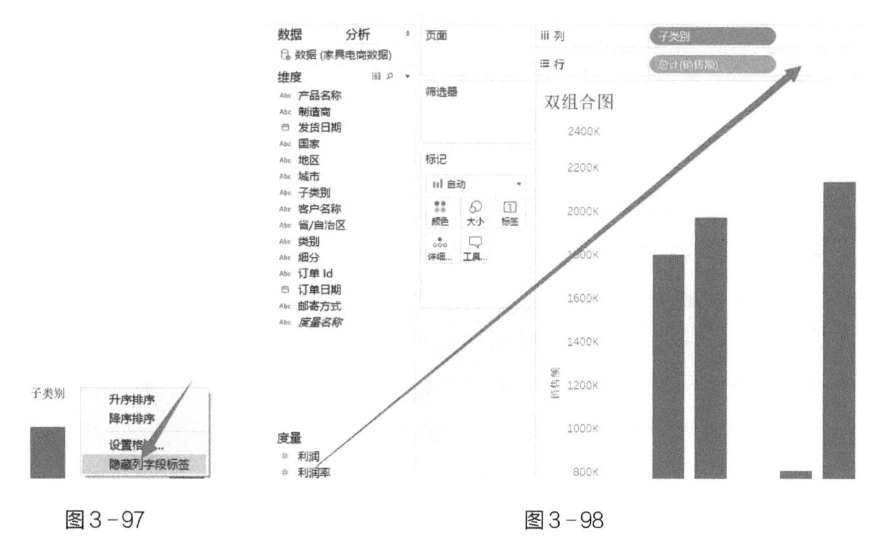

图 3－97　　图 3－98

步骤 8 右键单击行区域的［总计（利润率）］，将［度量（总计）］设置为“平均值”，如图 3－99 所示。

注 此处需要得到“平均”利润率，而不是利润率的总和。

步骤 9 将［平均值（利润率）］的标记类型设置为“线”，如图 3－100 所示。

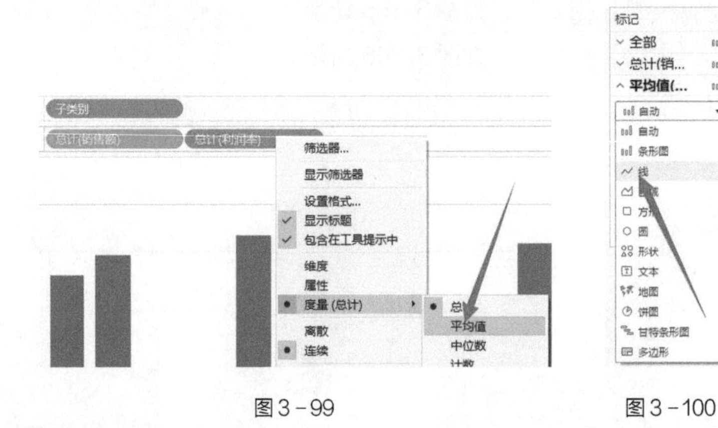

图3-99　　图3-100

步骤 10　将［平均值（利润率）］设置为“双轴”，如图3-101所示。

步骤 11　将［总计（销售额）］的标记类型设置为“条形图”，如图3-102所示。

注　此时左轴对应销售额，右轴对应利润率。利润率的单位为%，因此需要对右轴的单位进行调整。

步骤 12　右键单击右轴的任意区域，点选“设置格式”，如图3-103所示。

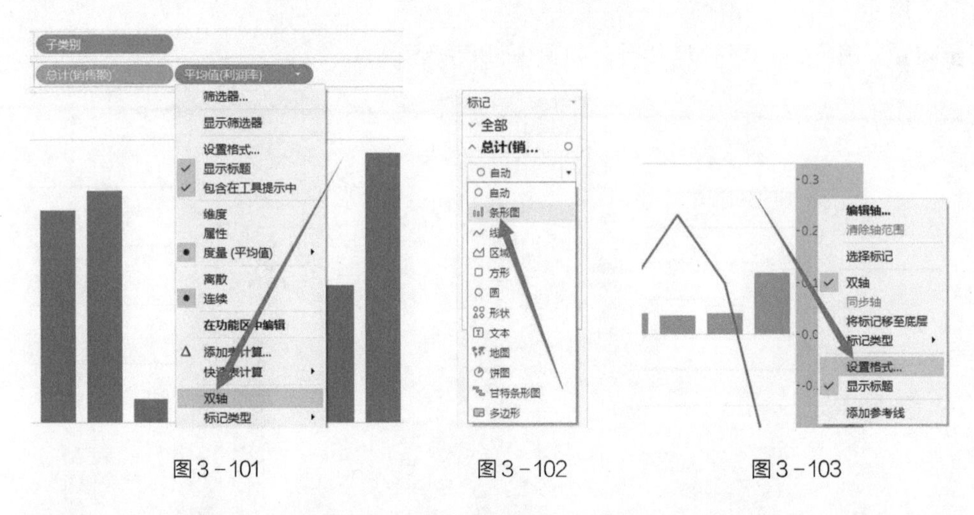

图3-101　　图3-102　　图3-103

步骤 13　在设置格式的界面点选［轴］，如图3-104所示。

步骤 14　在［比例］中设置数字格式为“百分比”，小数位数为0，如图3-105所示。

步骤 15　关闭设置格式界面，如图3-106所示。

步骤 16　当前销售额的单位是“元”，为了精简起见，可将其设置为“万元”。右键单击行区域的［总计（销售额）］，点选“在功能区中编辑”，如图3-107所示。

步骤 17　在功能区中，将原有的公式变更为“SUM([销售额])/10000”，然后按Enter键确定，如图3-108所示。

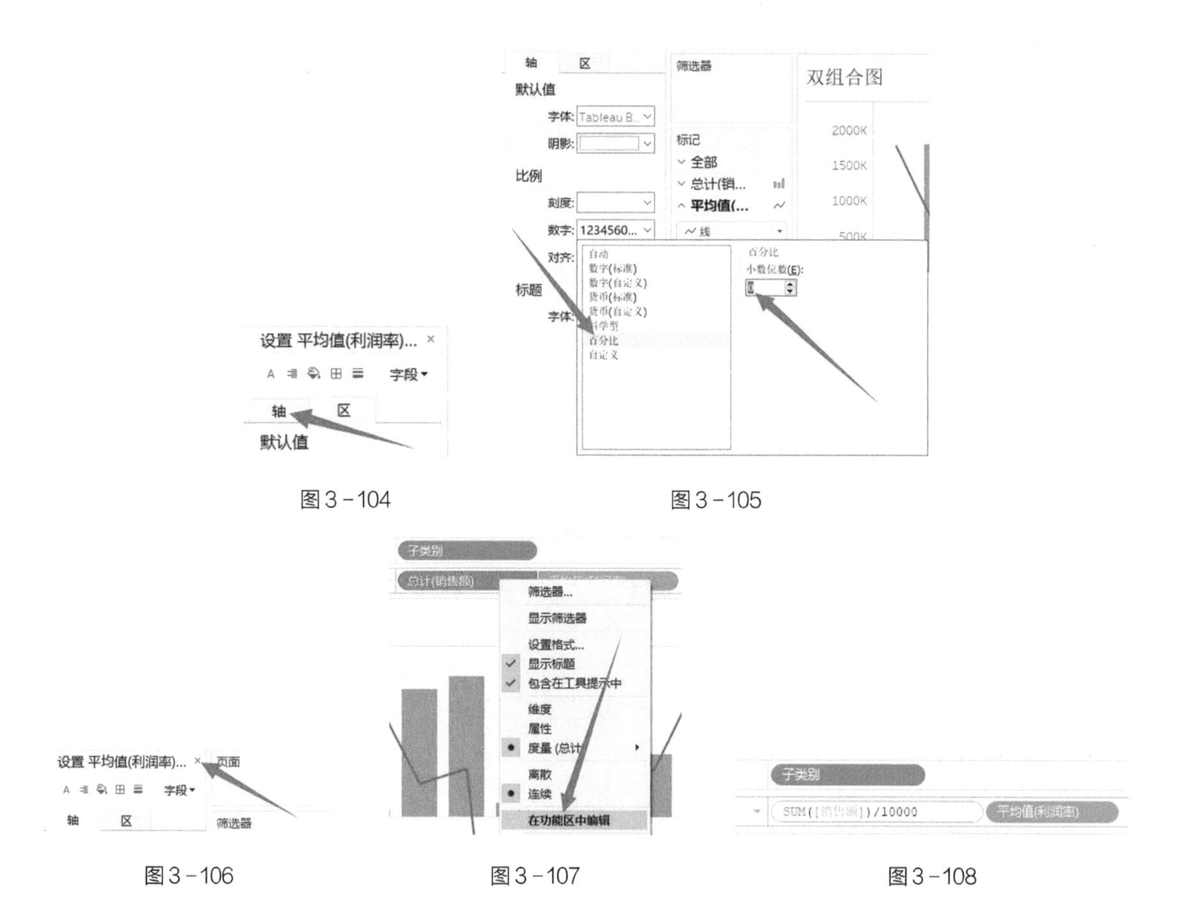

图 3-104　　图 3-105

图 3-106　　图 3-107　　图 3-108

操作结果如图 3-109 所示，可见销售额的数值发生了变化。

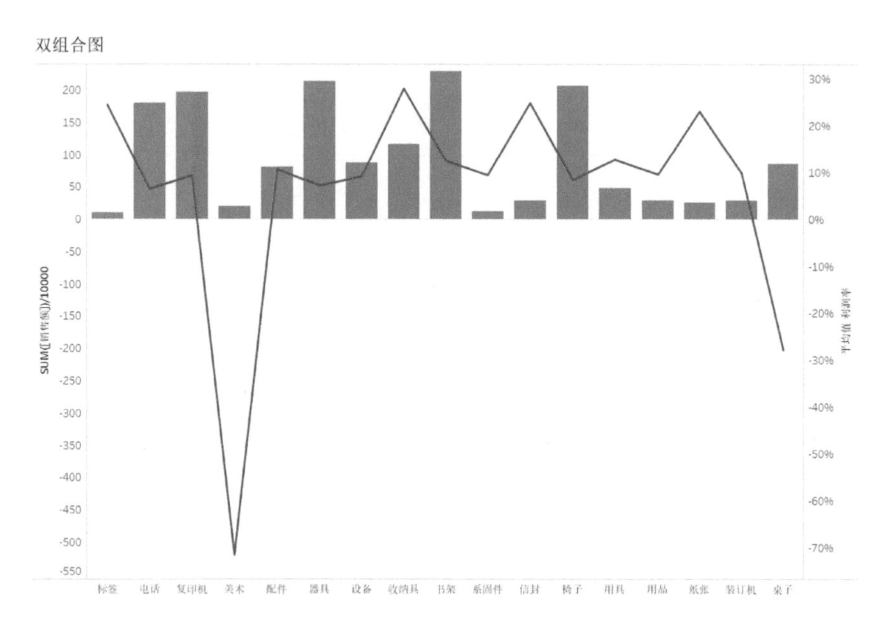

图 3-109

步骤 18 对左轴的名称进行修改，右键单击左轴的任意区域，在弹出的列表中点选［编辑轴］，如图 3－110 所示。

步骤 19 修改轴标题为“销售额（万元）”，如图 3－111 所示。

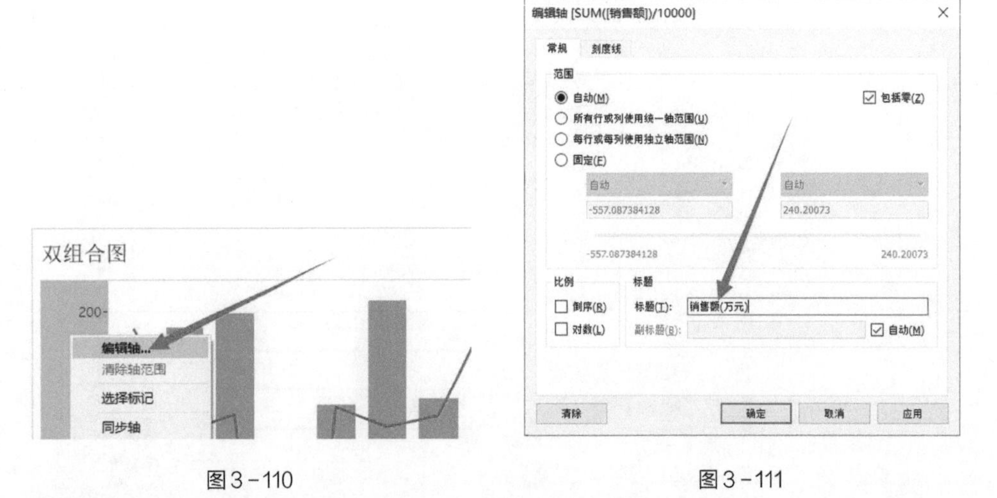

图 3－110　　　　图 3－111

步骤 20 为了显示数值大小，单击标记卡［标签］，勾选［显示标记标签］，如图 3－112所示。

注❶ 需要在“全部”的标记卡中设置。

注❷ 利润率的标签格式需要再调整为百分比。

步骤 21 右键单击右轴任意区域，点选［设置格式］，如图 3－113 所示。

步骤 22 在设置格式的界面点选［区］，如图 3－114 所示。

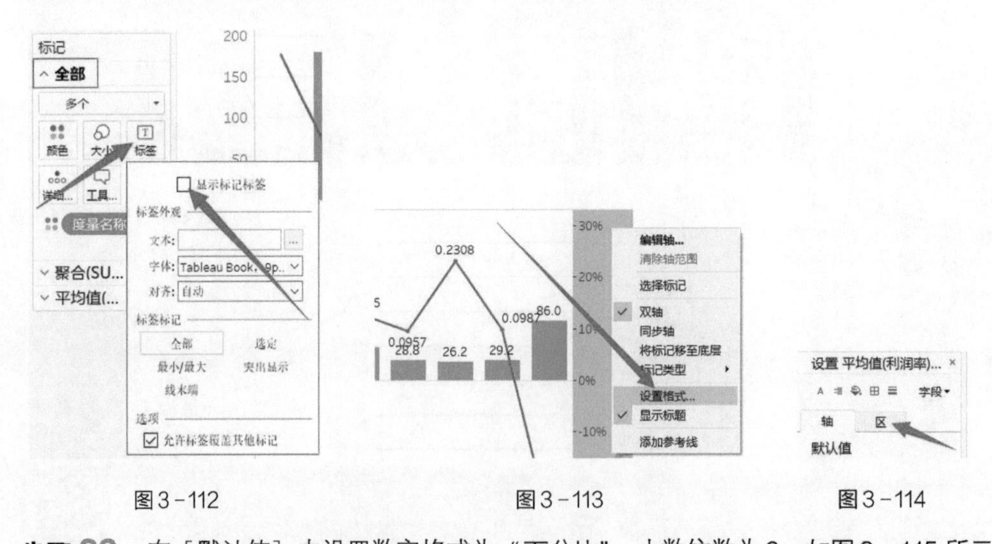

图 3－112　　　　图 3－113　　　　图 3－114

步骤 23 在［默认值］中设置数字格式为“百分比”，小数位数为 0，如图 3－115 所示。

步骤 24 关闭设置格式界面，如图 3－116 所示。

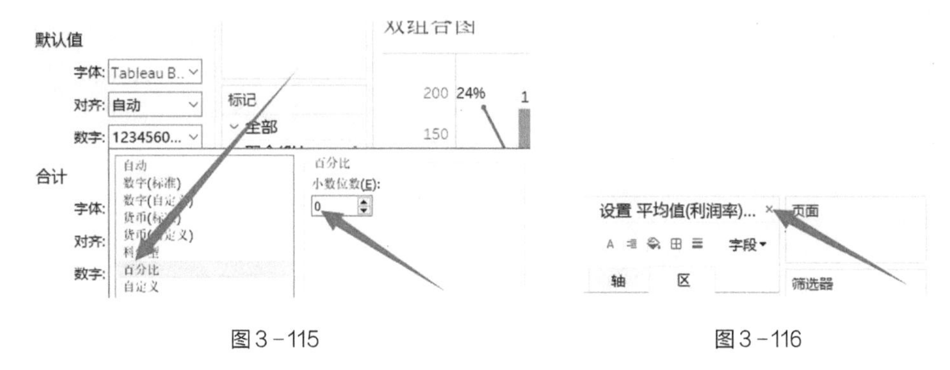

图 3－115　　　　图 3－116

操作结果（部分）如图 3－117 所示，由于标签数量较多，可能出现标签“重叠”的现象。可以手动逐个调整。

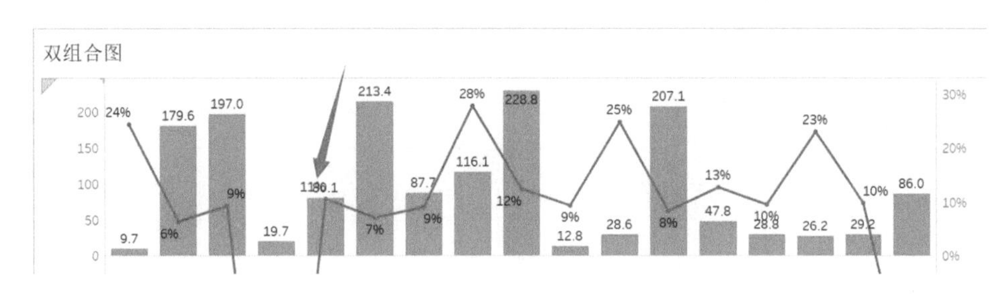

图 3－117

步骤 25　单击需要调整位置的数值，如图 3－118 所示。

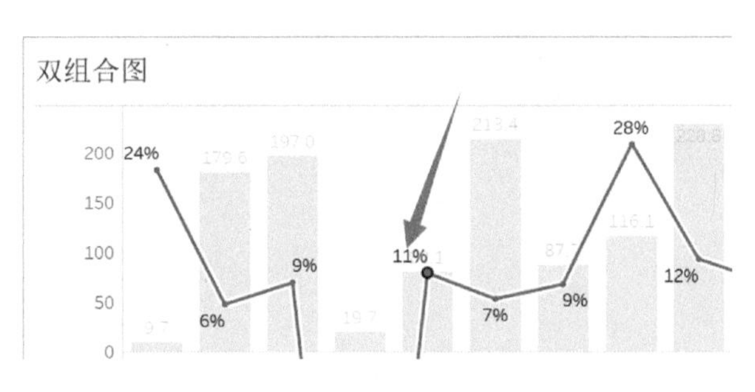

图 3－118

步骤 26　用鼠标将该值拖到合适的区域，如图 3－119 所示。

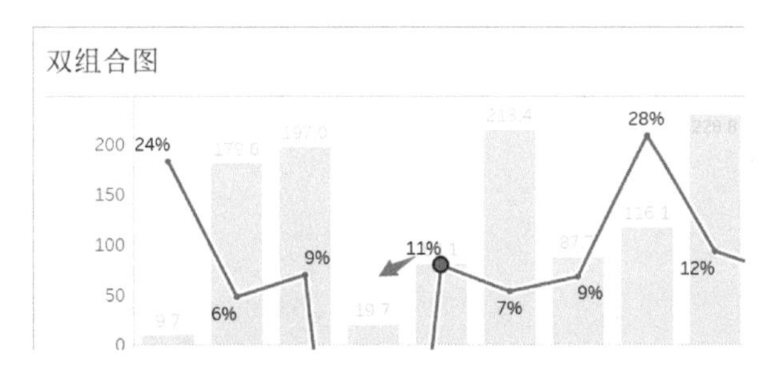

图 3－119

操作结果如图 3 - 120 所示。

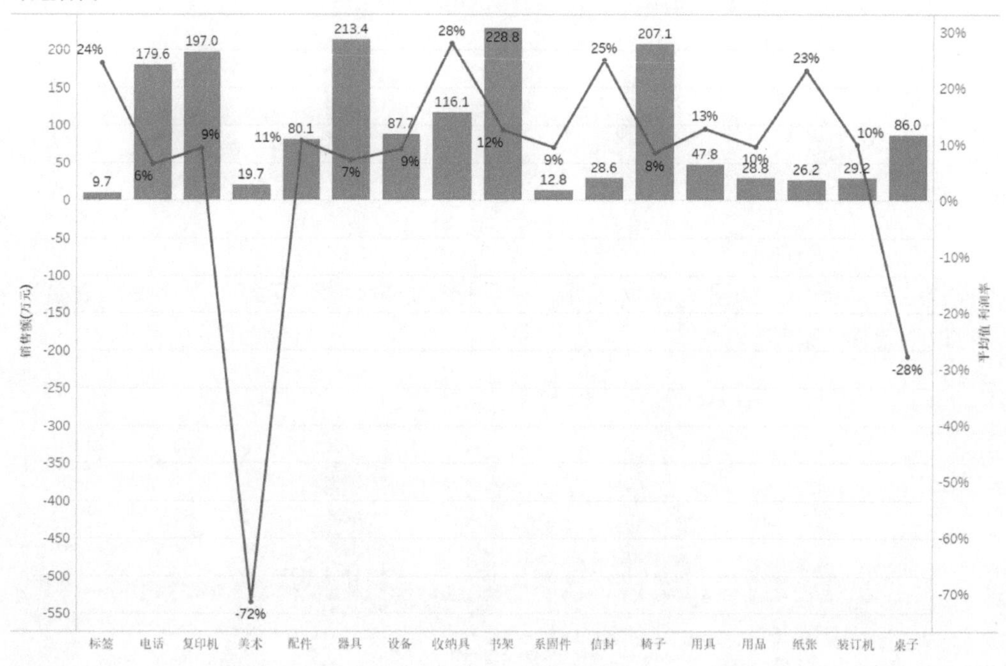

图 3 - 120

操作完成■

可见：在产品小类中，只有美术类、桌子类存在较大程度的亏损。两个类别的总销售额均在 100 万元以内，体量不是很大。

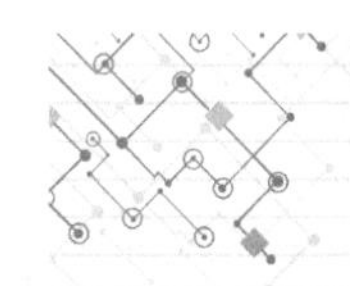

任务二　进阶图表可视化分析

一　树地图

树地图又称树形图，其使用一组嵌套矩形显示数据，通过矩形的面积来表示其数值大小，面积越大，值越大。加上颜色深浅的视觉维度，也可展示数值的大小。也就是说，利用 Tableau 树地图的矩形大小以及颜色深浅功能能够突出显示异常数据点或重要数据。

下面以“2019 年各地区产品销售额及利润情况”为例，介绍创建树地图的步骤及方法。

步骤 1　导入数据，如图 3－121 所示。

年	月	日	所属区域	产品类别	数量	金额	成本	利润
2019	3月	21	VJ	宠物用品	16	19,269.69	18,982.85	286.84
2019	4月	28	VJ	宠物用品	40	39,465.17	40,893.08	-1,427.91
2019	4月	28	VJ	宠物用品	20	21,015.94	22,294.09	-1,278.14
2019	5月	31	VJ	宠物用品	20	23,710.26	24,318.37	-608.12
2019	6月	13	VJ	宠物用品	16	20,015.07	20,256.69	-241.62
2019	7月	16	VJ	宠物用品	200	40,014.12	43,537.56	-3,523.44
2019	9月	14	VJ	宠物用品	100	21,423.95	22,917.34	-1,493.39
2019	10月	19	VJ	宠物用品	200	40,014.12	44,258.36	-4,244.24
2019	11月	20	VJ	宠物用品	400	84,271.49	92,391.15	-8,119.66

图 3－121

步骤 2　进入工作表，如图 3－122 所示。

步骤 3　修改表名为“树地图”，如图 3－123 所示。

步骤 4　设置标记为“方形”，如图 3－124 所示。

步骤 5　将［所属区域］拖到标记卡［标签］，如图 3－125 所示。

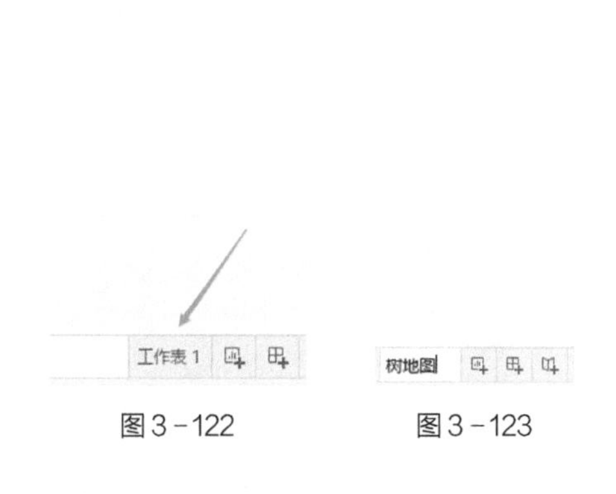

图 3－122　　图 3－123

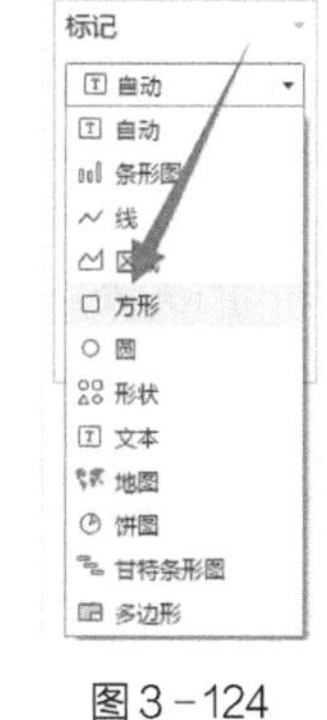

图 3－124

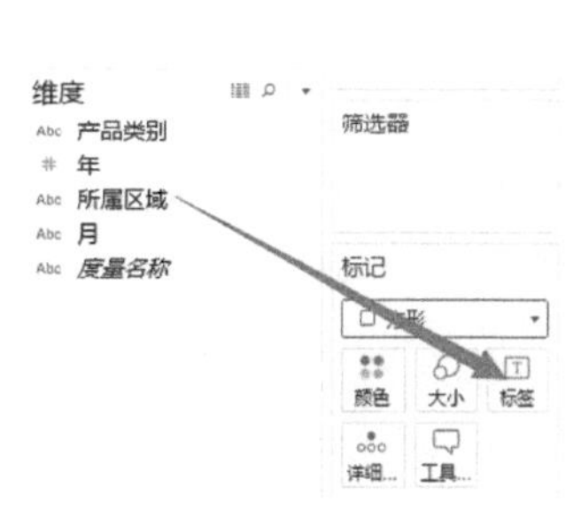

图 3－125

步骤 6 将［金额］拖到标记卡［大小］，如图 3－126 所示。

步骤 7 将［利润］拖到标记卡［颜色］，如图 3－127 所示。

操作结果如图 3－128 所示。此图表中，矩形面积代表销售额大小，颜色深浅代表利润总额大小。可以看出 FY、AX、VJ 三地的销售额及利润总金额都比较大。

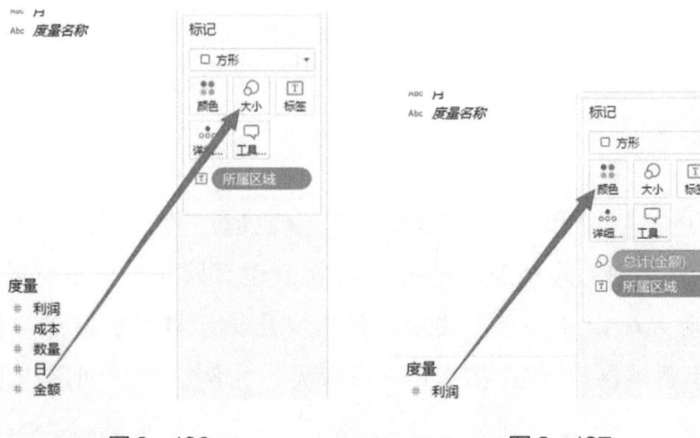

图 3－126　　　　图 3－127

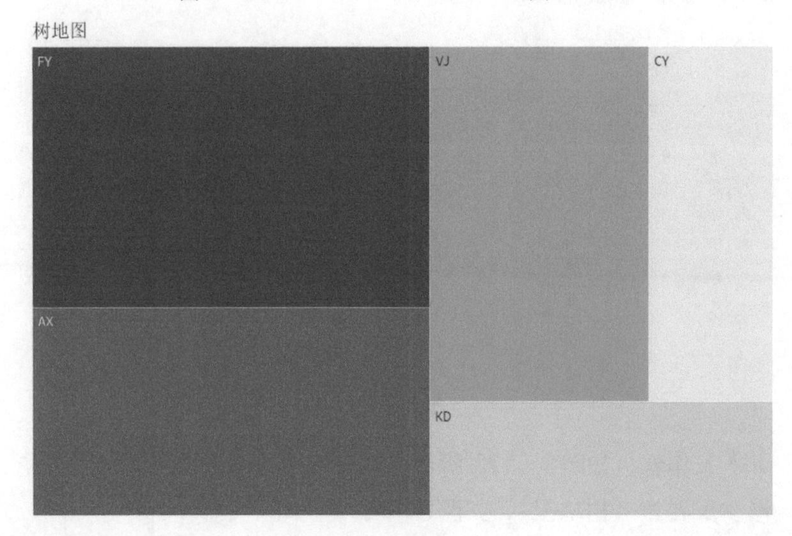

图 3－128

操作完成■

二　标靶图

标靶图是指在基本条形图上添加参考线或参考区间，帮助分析人员更加直观地了解两个度量之间的关系，常用于当前值和计划值的比较。

下面以“2019 年各支行当前销售情况与计划情况比较”为例，介绍创建标靶图的步骤与方法。

步骤 1 导入数据，如图 3－129 所示。

Abc Sheet1 支行编码	# Sheet1 月度销售额	# Sheet1 月度计划金额
K0047	123	130
K0095	117	150
K1065	232	200
K1089	137	170
K2049	175	220
K2076	329	300
K3017	169	180
K3218	247	210
K4096	239	190
K4357	203	180
K5187	279	310

图 3－129

步骤 2 进入工作表，如图 3－130 所示。

步骤 3 修改表名为“标靶图”，如图 3－131 所示。

步骤 4 将［支行编码］拖到行，如图 3－132 所示。

图 3－130　　图 3－131　　图 3－132

步骤 5 将［月度销售额］拖到列，如图 3－133 所示。

步骤 6 将［月度计划金额］拖到标记卡［详细信息］，如图 3－134 所示。

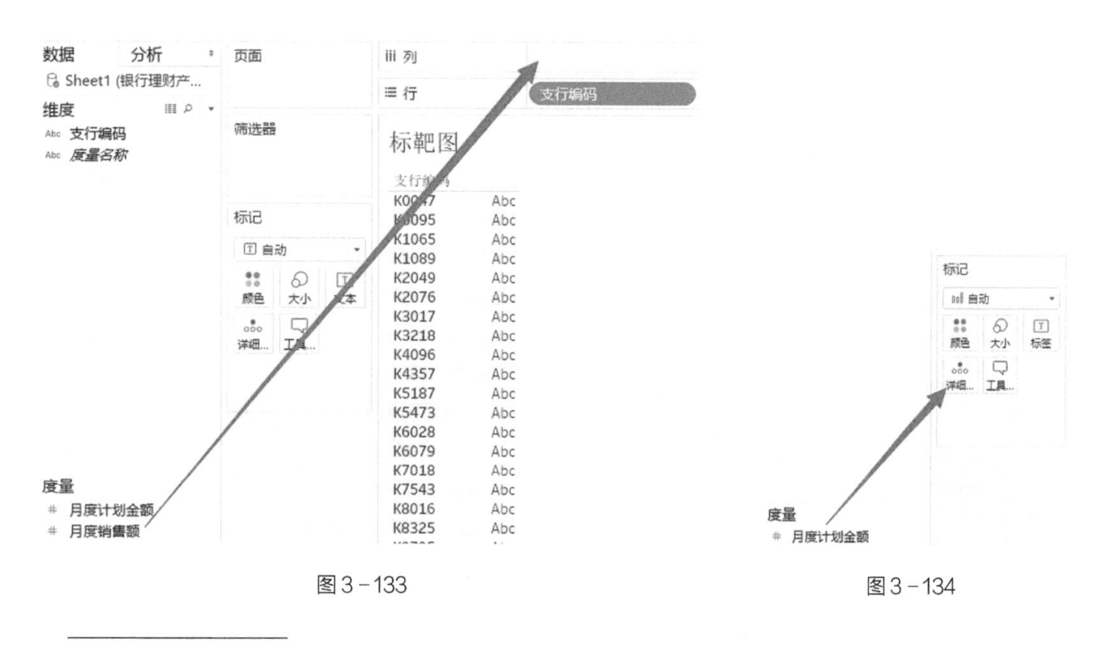

图 3－133　　图 3－134

注 “详细信息”用于将视图所需用到的维度或度量“放置”起来备用。

步骤 7 右键单击视图横轴，点选［添加参考线］，如图 3－135 所示。

注 参考线是 Tableau 中的一个特色功能，在项目五中将详细介绍该功能。

步骤 8 在参考线编辑框中设置范围为“每单元格”，值为“总计（月度计划金额）”“平均值”，标签为“值”，如图 3－136 所示。

步骤 9 设置视图尺寸为“整个视图”，如图 3－137 所示。

操作结果如图 3－138 所示。

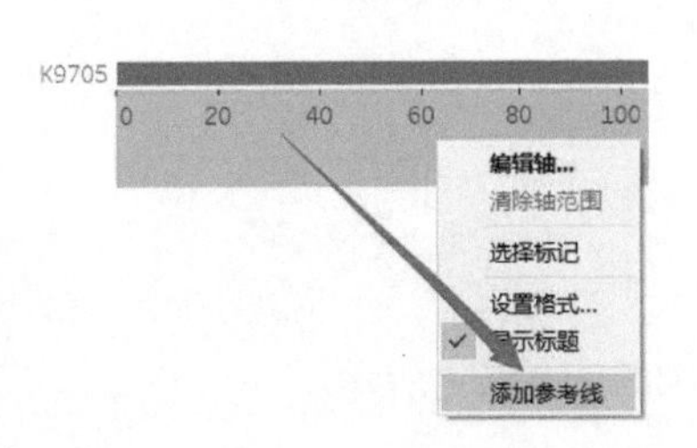

图 3-135

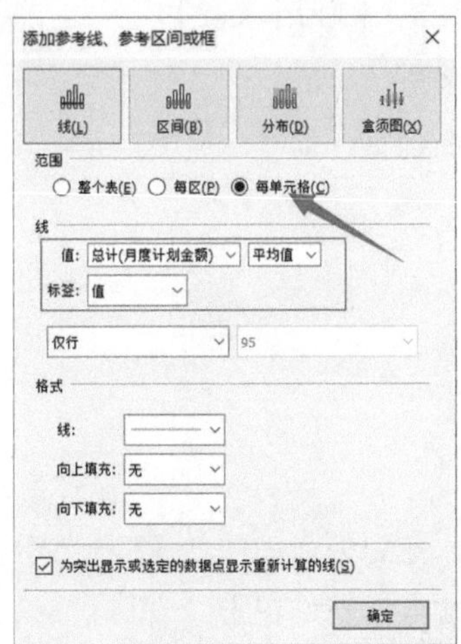

图 3-136

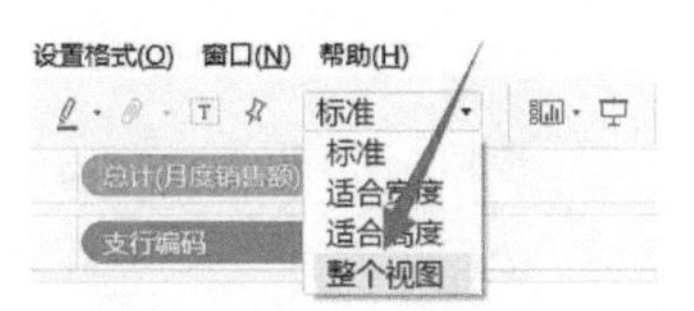

图 3-137

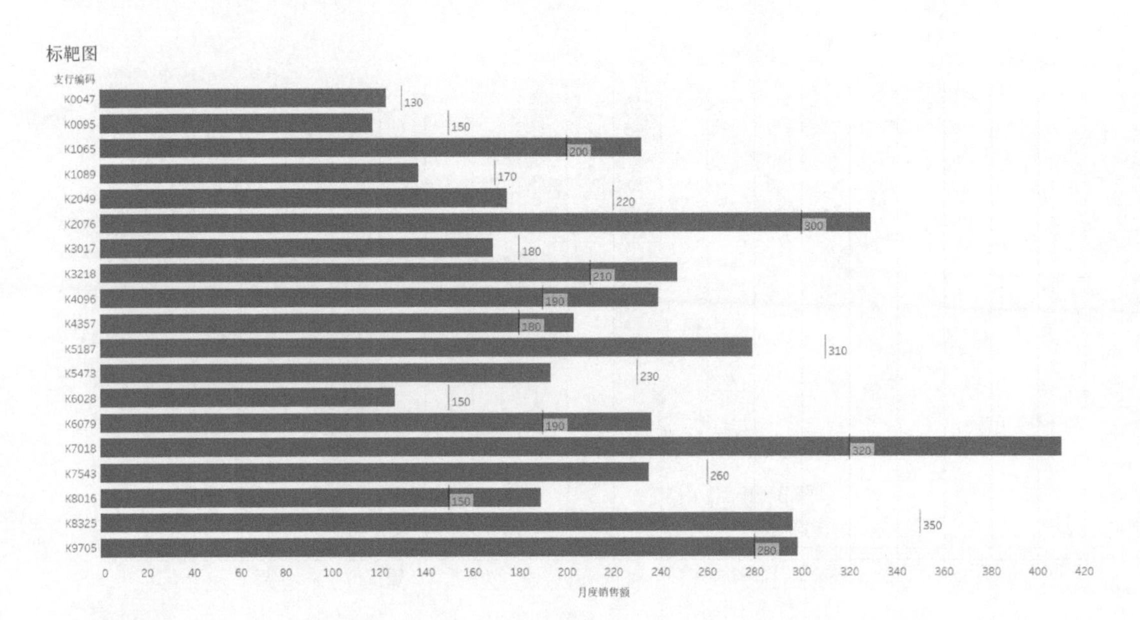

图 3-138

操作完成■

习　题

1. 某统计局邀请你为改革开放40多年来的农业情况（人均播种面积、有效灌溉面积）进行可视化分析，请连接数据（全国人均.CSV、有效灌溉面积.CSV）并选择适合的图表进行数据展现。
2. 根据可视化视图得出对应的结论。

项 目 四
Tableau 地图分析

任务一 分配地理角色
任务二 创建地图分析

Tableau 地图功能十分强大，可实现国家/地区、省/市/自治区、城市级的地图展示。本项目主要介绍如何使用 Tableau 创建地图可视化分析。

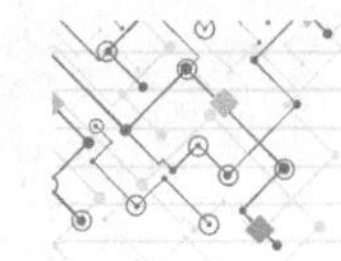

任务一　分配地理角色

一　为地区分配正确的地理角色

将 Tableau 连接到包含地理信息的数据源后，Tableau 并不会像识别维度与度量字段一样自动为其分配经纬度，需要手动为其分配正确的地理角色。Tableau 通过查找已安装地理编码数据库中已经内置的匹配数据，将纬度和经度值分配给字段中的每个位置，并在度量窗口生成经纬度。为某个字段（如"州/省/市/自治区"）分配地理角色时，Tableau 会创建一个"纬度（生成）"字段和一个"经度（生成）"字段。

在 Tableau 地理角色中，中国地区主要使用图 4－1 中的城市、国家/地区、省/市/自治区这三种。

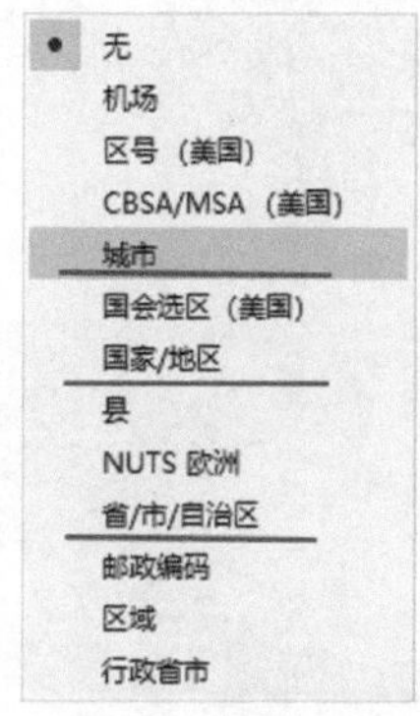

图 4－1

Tableau 能够识别名称、拼音、缩写，如：重庆、chongqing、CQ。如果在为数据分配地理角色时遇到困难，或者原始数据不匹配 Tableau 地图服务器中内置的数据，可以检查一下数据名称是否出错，或者手动为其分配经纬度。

二　创建背景地图

下面以"Superstore（超市数据）"为例，介绍创建背景地图的步骤与方法。

步骤 1　导入数据，如图 4－2 所示。

Order Date	Order ID	Postal Code	Product Name	Region	Segment	Ship Date	Ship Mode
2018/12/30	CA-2014-143259	10009	Bush Westfield Collec...	East	Consumer	2019/1/3	Standard Class
2018/12/30	CA-2014-126221	47201	Eureka The Boss Plus ...	Central	Home Office	2019/1/5	Standard Class
2018/12/30	CA-2014-156720	80538	Bagged Rubber Bands	West	Consumer	2019/1/3	Standard Class
2018/12/30	CA-2014-115427	94533	GBC Binding covers	West	Corporate	2019/1/3	Standard Class
2018/12/30	CA-2014-115427	94533	Cardinal Slant-D Ring...	West	Corporate	2019/1/3	Standard Class
2018/12/30	CA-2014-143259	10009	Wilson Jones Legal Si...	East	Consumer	2019/1/3	Standard Class
2018/12/30	CA-2014-143259	10009	Gear Head AU3700S ...	East	Consumer	2019/1/3	Standard Class
2018/12/29	US-2014-158526	40214	DMI Arturo Collectio...	South	Consumer	2019/1/1	Second Class

图 4－2

步骤 2　进入工作表，如图 4－3 所示。

步骤 3　修改表名为"地图"，如图 4－4 所示。

进入工作表后，在当前界面中，字段 City、Country、Postal Code、State 的图标变为"地球"状，意味着 Tableau 成功地将上述几个字段识别为地理角色，如图 4－5 所示。

图4－3　　图4－4　　图4－5

注❶ 如果 Tableau 没有自动将字段识别为对应的地理角色，可右键单击该字段，点选［地理角色］，并在菜单项中点选合适的地理角色即可，如图 4－6 所示。

注❷ 无论自动生成还是手动生成地理角色，都会在度量区出现［纬度（生成）］和［经度（生成）］两个字段，如图 4－7 所示。

步骤 4 双击字段［City］，如图 4－8 所示。

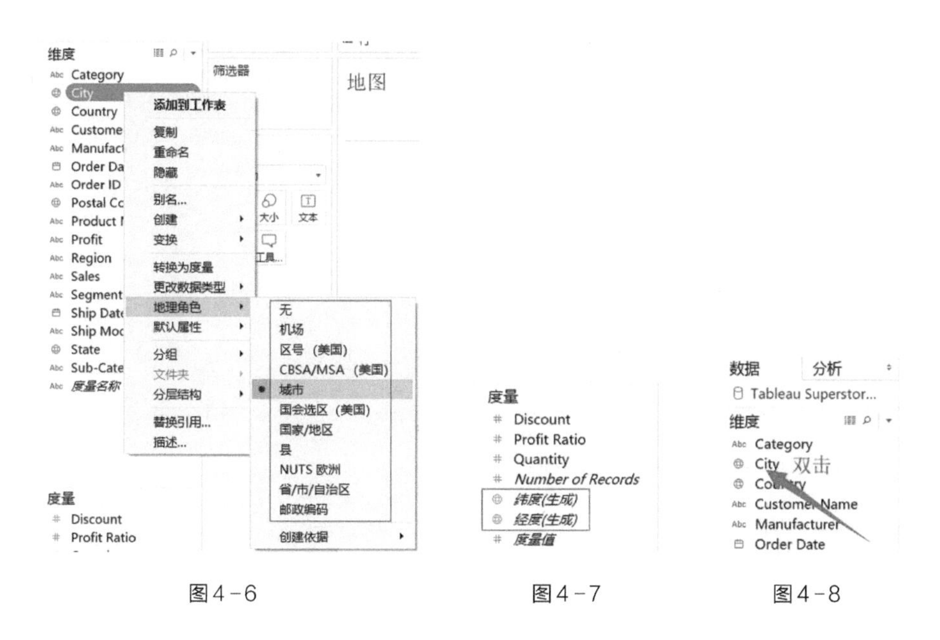

图4－6　　图4－7　　图4－8

注❶ 该数据来源国家为美国，需要对“位置”进行编辑才能显示出对应国家的地图。

注❷ 当 Tableau 无法识别地名的确切位置时，地图右下角会显示信息“530 未知”。此时需要手动为地名所对应的地理位置进行设置。

步骤 5 单击地图右下角的“530 未知”，在出现的界面中点选［编辑位置］，如图4－9所示。

步骤 6 在“编辑位置”对话框中，设置［国家/地区］为“美国”，如图 4－10 所示。

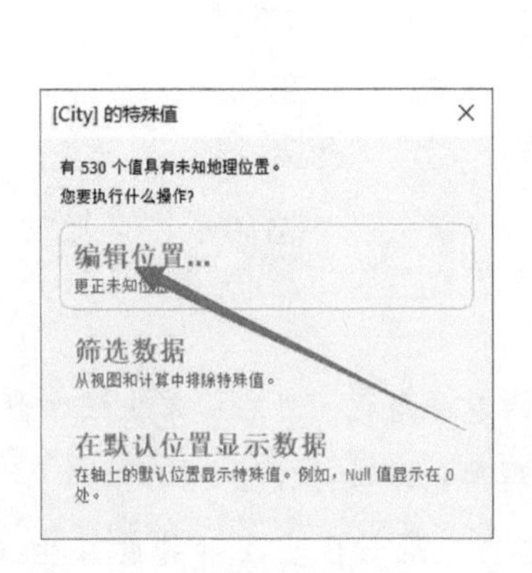

图4－9

图4－10

注 可以在下拉框中选择，也可以录入“美国”。

步骤 7 ［省/市/自治区］勾选［源字段］，并将其设置为“State”，如图 4－11 所示。

步骤 8 将字段［City］拖到［标签］，如图 4－12 所示。

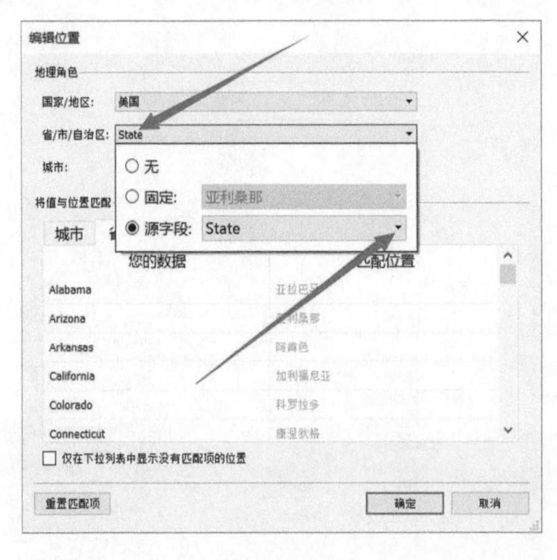

图4－11

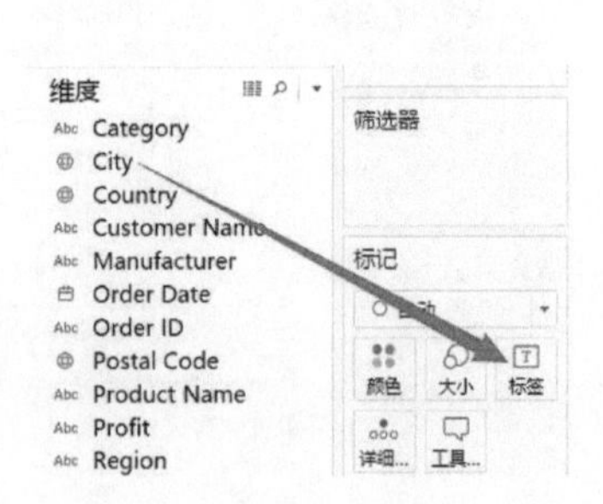

图4－12

注 是否添加标签可根据分析需要设置。

操作结果如图 4－13 所示。

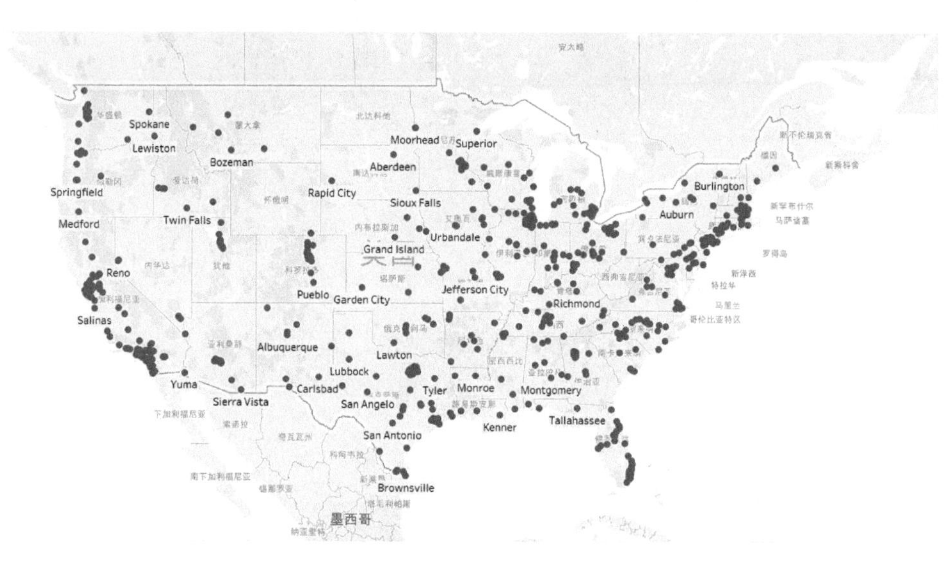
地图
Spokane
Lewiston
Bozeman
Springfield
Medford
Twin Falls
Reno
Salinas
Yuma
Sierra Vista
Rapid City
Aberdeen
Moorhead
Superior
Sioux Falls
Grand Island
Urbandale
Pueblo
Garden City
Jefferson City
Albuquerque
Lubbock
Carlsbad
Lawton
San Angelo
Tyler
Monroe
San Antonio
Brownsville
Kenner
Montgomery
Tallahassee
Richmond
Auburn
Burlington
墨西哥

图4-13

操作完成■

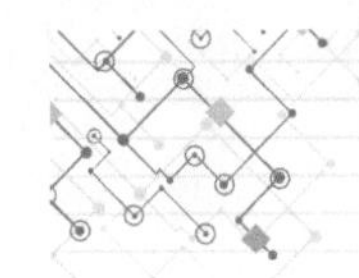

任务二　创建地图分析

一　创建符号地图

符号地图是在 Tableau 自带的背景地图基础上，将数据指标值以“点”的形式加以展示。数值越大，“点”的尺寸也越大。下面依然以任务一所使用的数据为例，介绍创建符号地图的步骤与方法。

步骤 1　导入数据，如图 4－14 所示。

Order Date	Order ID	Postal Code	Product Name	Region	Segment	Ship Date	Ship Mode
2018/12/30	CA-2014-143259	10009	Bush Westfield Collec...	East	Consumer	2019/1/3	Standard Class
2018/12/30	CA-2014-126221	47201	Eureka The Boss Plus ...	Central	Home Office	2019/1/5	Standard Class
2018/12/30	CA-2014-156720	80538	Bagged Rubber Bands	West	Consumer	2019/1/3	Standard Class
2018/12/30	CA-2014-115427	94533	GBC Binding covers	West	Corporate	2019/1/3	Standard Class
2018/12/30	CA-2014-115427	94533	Cardinal Slant-D Ring...	West	Corporate	2019/1/3	Standard Class
2018/12/30	CA-2014-143259	10009	Wilson Jones Legal Si...	East	Consumer	2019/1/3	Standard Class
2018/12/30	CA-2014-143259	10009	Gear Head AU3700S ...	East	Consumer	2019/1/3	Standard Class
2018/12/29	US-2014-158526	40214	DMI Arturo Collectio...	South	Consumer	2019/1/1	Second Class

图 4－14

步骤 2　进入工作表，如图 4－15 所示。

步骤 3　修改表名为“地图”，如图 4－16 所示。

步骤 4　双击［State］，如图 4－17 所示。

步骤 5　单击视图右下角的“49 未知”，如图 4－18 所示。

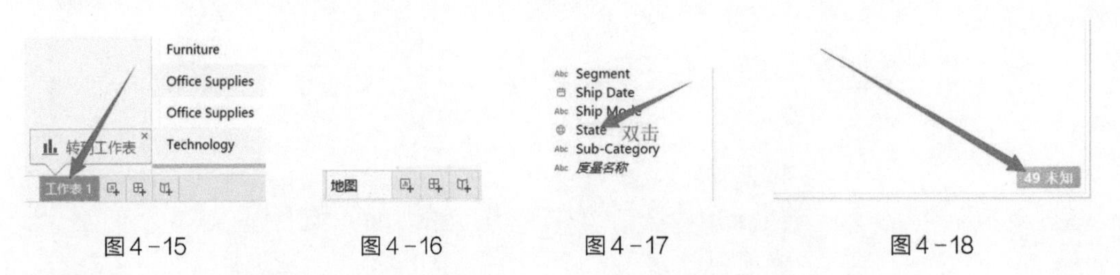

图 4－15　　图 4－16　　图 4－17　　图 4－18

步骤 6　在出现的界面中点选［编辑位置］，如图 4－19 所示。

步骤 7　在［编辑位置］对话框中，设置［国家/地区］为“美国”，如图 4－20 所示。

步骤 8　单击确定，如图 4－21 所示。

步骤 9　将［Sales］拖到标记卡［大小］，如图 4－22 所示。

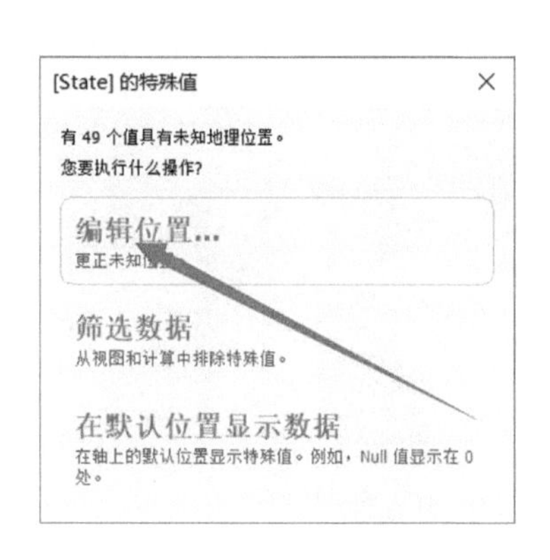

图 4-19

图 4-20

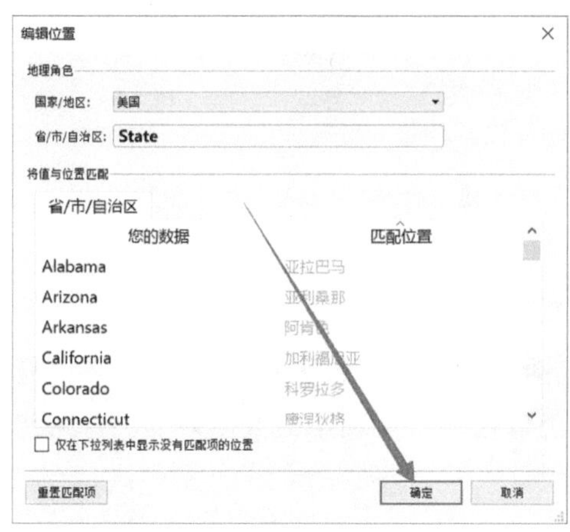

图 4-21

图 4-22

步骤 10 调节标记卡［大小］至较为合适的尺寸（原始尺寸偏小）。如图 4-23 所示。

步骤 11 为了更为清晰地显示地区名称及销售金额，需为［State］及［Sales］添加标签。按住 Ctrl 键分别点选［State］及［Sales］，并拖到标记卡［标签］，如图 4-24 所示。

操作结果如图 4-25 所示。

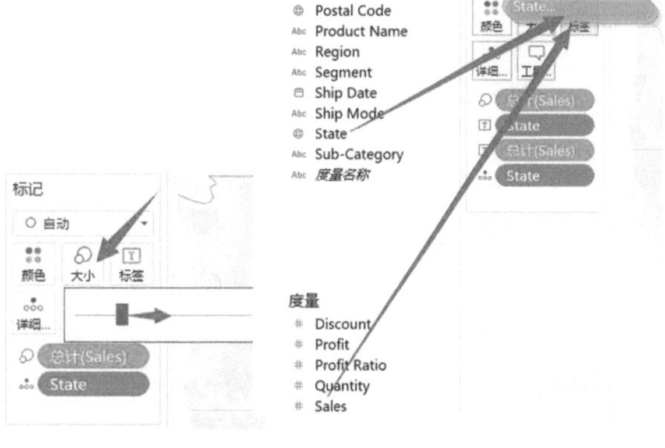

图 4-23

图 4-24

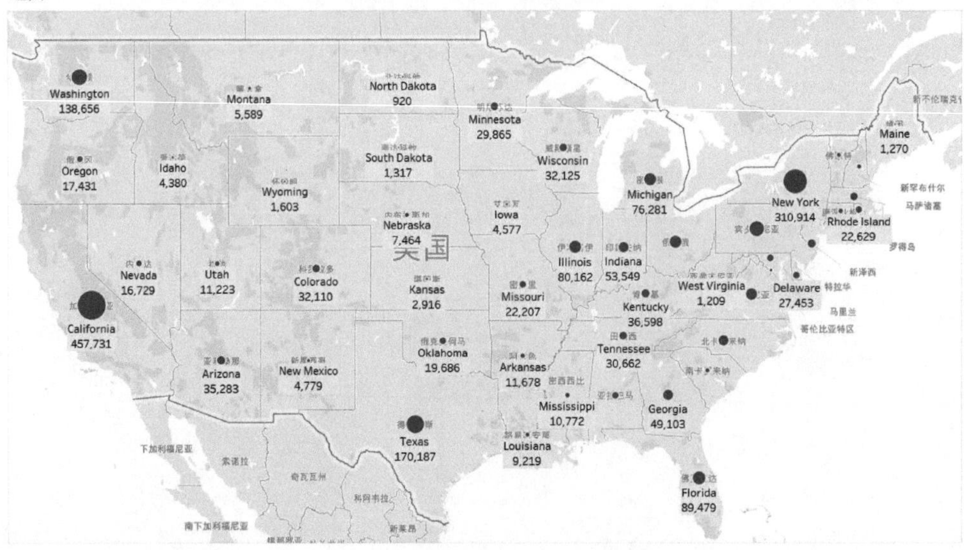

图 4-25

操作完成■

二 创建填充地图

填充地图是在 Tableau 自带的背景地图基础上，将数据指标以“分块”的形式加以展示。数值越大，颜色越深（或浅）。下面仍以任务一所使用的数据为例，介绍创建填充地图的步骤与方法。

步骤 1 导入数据，如图 4-26 所示。

Order Date	Order ID	Postal Code	Product Name	Region	Segment	Ship Date	Ship Mode
2018/12/30	CA-2014-143259	10009	Bush Westfield Collec...	East	Consumer	2019/1/3	Standard Class
2018/12/30	CA-2014-126221	47201	Eureka The Boss Plus ...	Central	Home Office	2019/1/5	Standard Class
2018/12/30	CA-2014-156720	80538	Bagged Rubber Bands	West	Consumer	2019/1/3	Standard Class
2018/12/30	CA-2014-115427	94533	GBC Binding covers	West	Corporate	2019/1/3	Standard Class
2018/12/30	CA-2014-115427	94533	Cardinal Slant-D Ring...	West	Corporate	2019/1/3	Standard Class
2018/12/30	CA-2014-143259	10009	Wilson Jones Legal Si...	East	Consumer	2019/1/3	Standard Class
2018/12/30	CA-2014-143259	10009	Gear Head AU3700S ...	East	Consumer	2019/1/3	Standard Class
2018/12/29	US-2014-158526	40214	DMI Arturo Collectio...	South	Consumer	2019/1/1	Second Class

图 4-26

步骤 2 进入工作表，如图 4-27 所示。

步骤 3 修改表名为“地图”，如图 4-28 所示。

步骤 4 双击［State］，如图 4-29 所示。

步骤 5 单击视图右下角的“49 未知”，如图 4-30 所示。

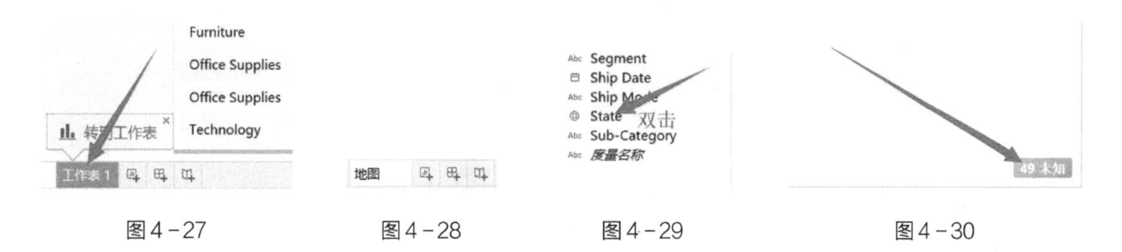

图 4-27　　图 4-28　　图 4-29　　图 4-30

步骤 6　在出现的界面中点选［编辑位置］，如图 4-31 所示。

步骤 7　在［编辑位置］对话框中，设置［国家/地区］为“美国”，如图 4-32 所示。

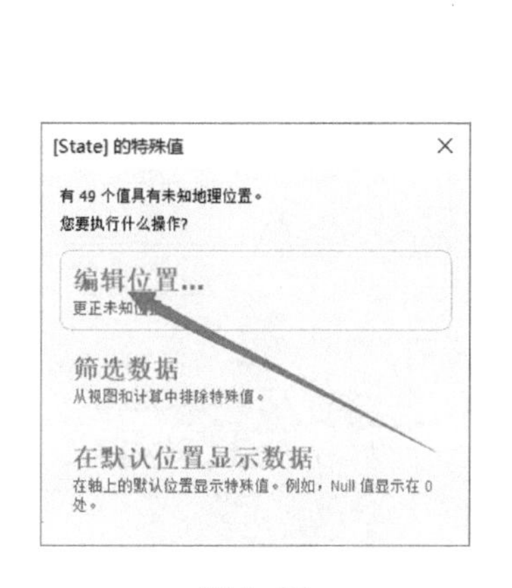

图 4-31

图 4-32

步骤 8　单击［确定］，如图 4-33 所示。

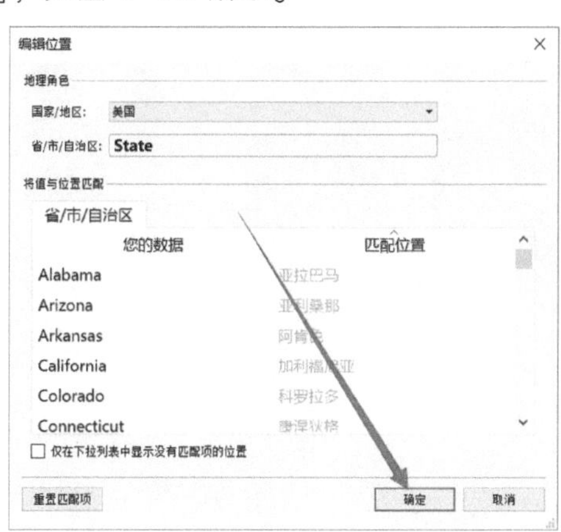

图 4-33

步骤 9　将［Sales］拖到标记卡［颜色］，如图 4-34 所示。

步骤 10　为了更为清晰地显示地区名称及销售金额，需为［State］及［Sales］添加标签。按住 Ctrl 键分别点选［State］及［Sales］，并拖到标记卡［标签］，如图 4-35 所示。

操作结果如图 4-36 所示。

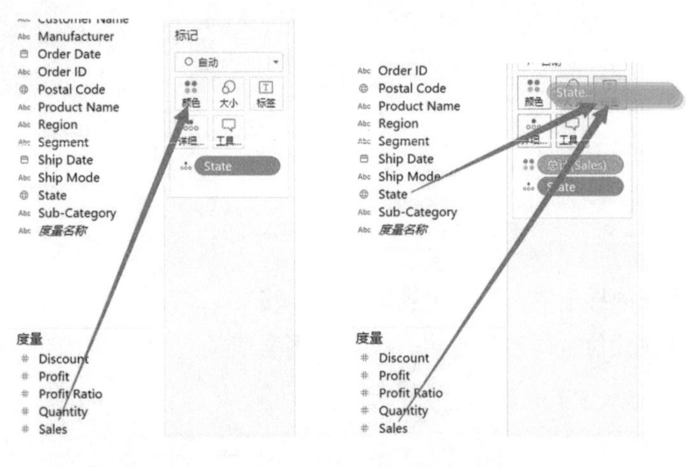

图 4 - 34　　　　图 4 - 35

地图

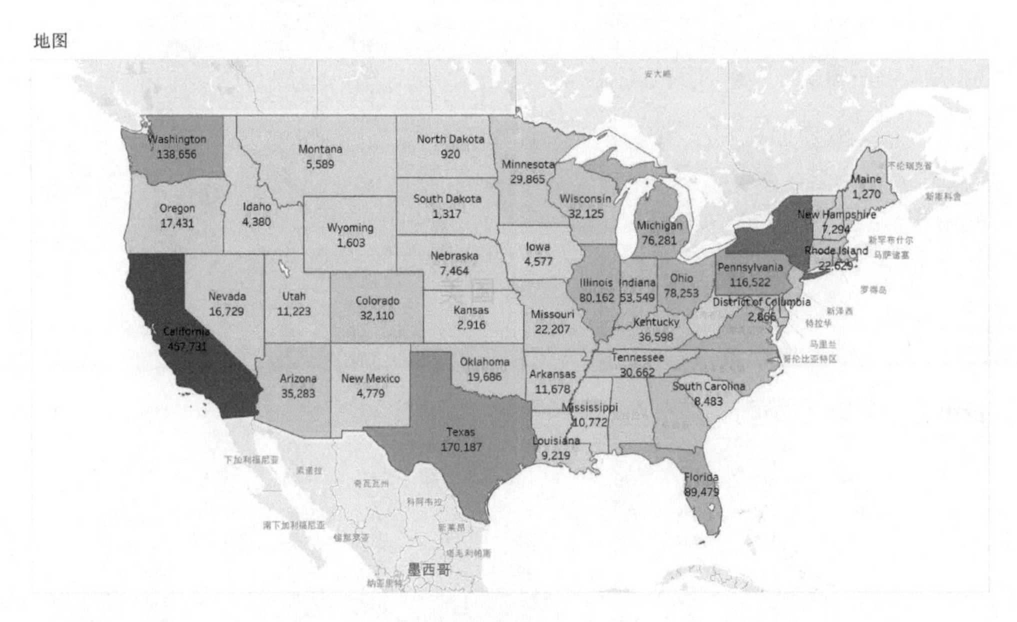

图 4 - 36

操作完成■

三　创建混合地图

混合地图是符号地图与填充地图的结合，使用混合地图可以在同一个地图上展示多个指标，可进行多指标对比分析。

下面仍以任务一所使用的数据为例，介绍创建混合地图的步骤与方法。

步骤 1　导入数据，如图 4 - 37 所示。

Order Date	Order ID	Postal Code	Product Name	Region	Segment	Ship Date	Ship Mode
2018/12/30	CA-2014-143259	10009	Bush Westfield Collec...	East	Consumer	2019/1/3	Standard Class
2018/12/30	CA-2014-126221	47201	Eureka The Boss Plus ...	Central	Home Office	2019/1/5	Standard Class
2018/12/30	CA-2014-156720	80538	Bagged Rubber Bands	West	Consumer	2019/1/3	Standard Class
2018/12/30	CA-2014-115427	94533	GBC Binding covers	West	Corporate	2019/1/3	Standard Class
2018/12/30	CA-2014-115427	94533	Cardinal Slant-D Ring...	West	Corporate	2019/1/3	Standard Class
2018/12/30	CA-2014-143259	10009	Wilson Jones Legal Si...	East	Consumer	2019/1/3	Standard Class
2018/12/30	CA-2014-143259	10009	Gear Head AU3700S ...	East	Consumer	2019/1/3	Standard Class
2018/12/29	US-2014-158526	40214	DMI Arturo Collectio...	South	Consumer	2019/1/1	Second Class

图 4－37

步骤 2 进入工作表，如图 4－38 所示。

步骤 3 修改表名为“地图”，如图 4－39 所示。

步骤 4 双击［State］，如图 4－40 所示。

步骤 5 单击视图右下角的“49 未知”，如图 4－41 所示。

步骤 6 在出现的界面中点选［编辑位置］，如图 4－42 所示。

步骤 7 在“编辑位置”对话框中，设置［国家/地区］为“美国”，如图 4－43 所示。

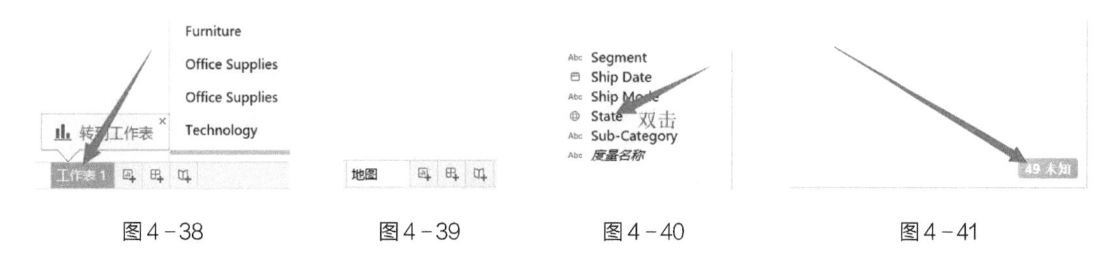

图 4－38　图 4－39　图 4－40　图 4－41

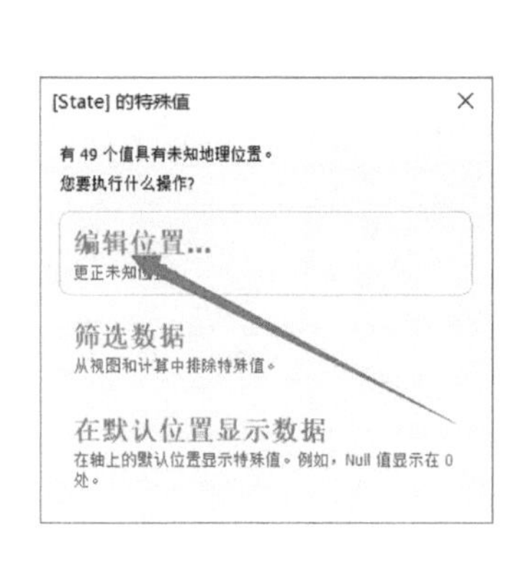

图 4－42

图 4－43

步骤 8 单击确定，如图 4－44 所示。

步骤 9 将［纬度（生成）］拖到行，如图 4－45 所示。

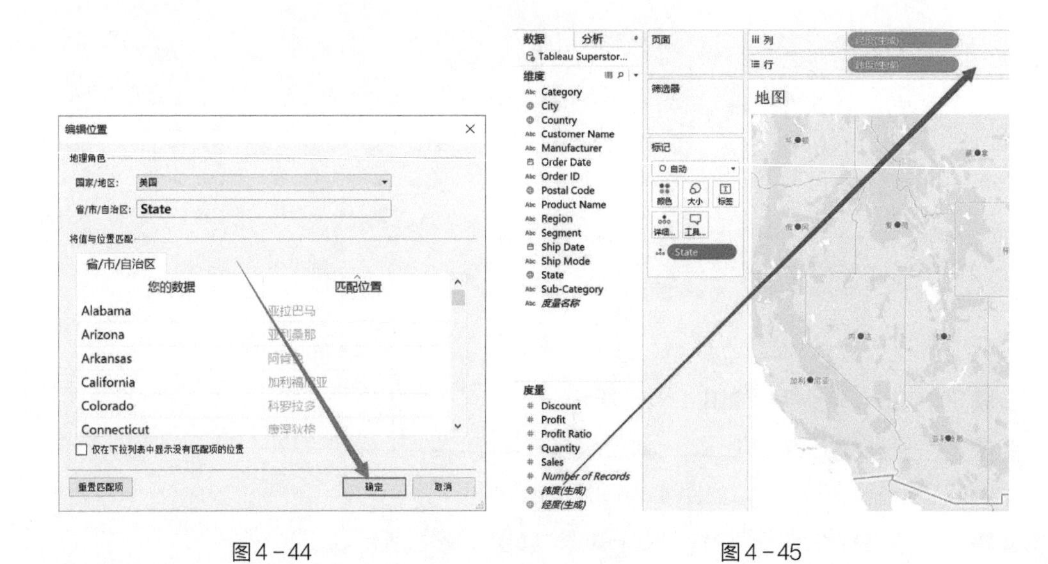

图4-44　　图4-45

操作结果如图4-46所示，此时生成了两个背景地图。接下来将其中一个地图创建为符号地图，另一个地图创建为填充地图。

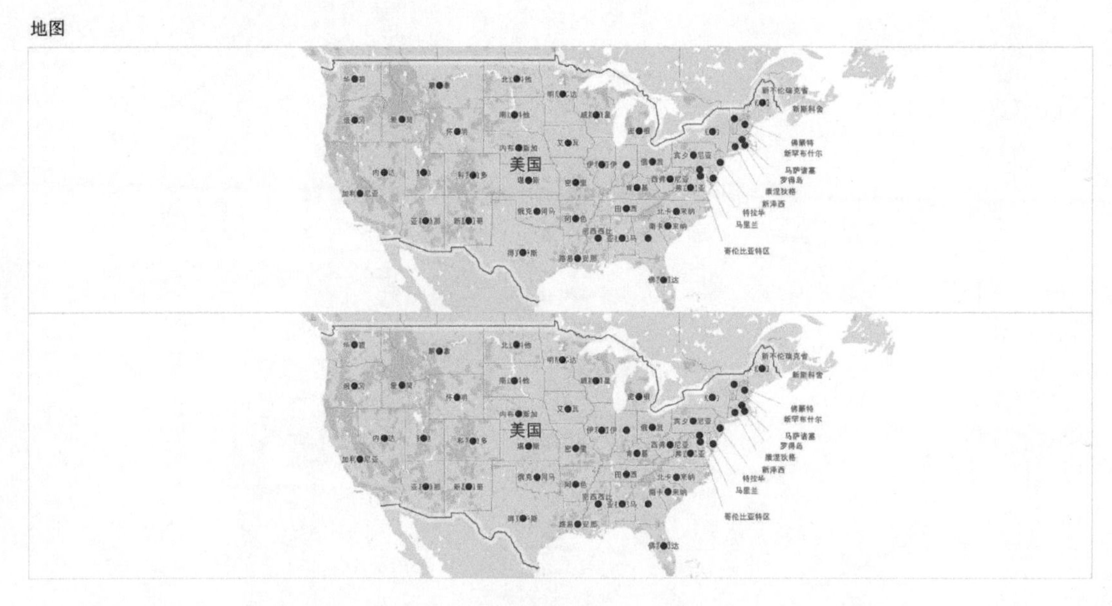

图4-46

注　两个地图分别有各自的标记设置区，如图4-47所示。

步骤10　点选上方地图的标记设置区，如图4-48所示。

步骤11　将［Sales］拖到标记卡［大小］（注意对应上方地图的标记卡），如图4-49所示。

步骤12　调节标记卡［大小］至较为合适的尺寸（原始尺寸偏小），如图4-50所示。

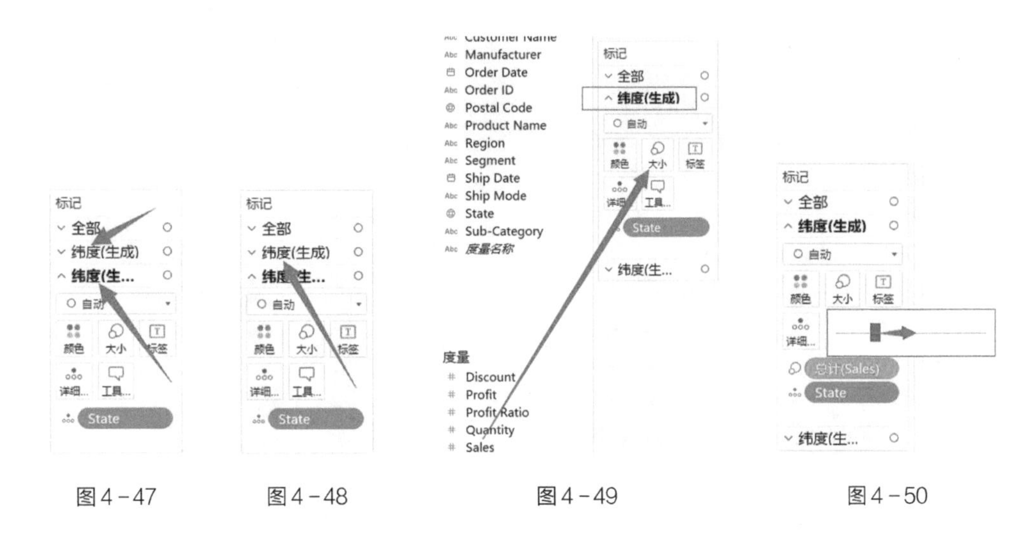

图4-47　　图4-48　　图4-49　　图4-50

步骤 13　点选下方地图的标记设置区，切换到下方地图的设置界面，如图4-51所示。

步骤 14　将［Profit］拖到标记卡［颜色］(注意对应下方地图的标记卡)，如图4-52所示。

注　接下来的步骤是将两个地图合二为一。

步骤 15　右键单击行区域右侧的［纬度（生成）］，点选［双轴］，如图4-53所示。

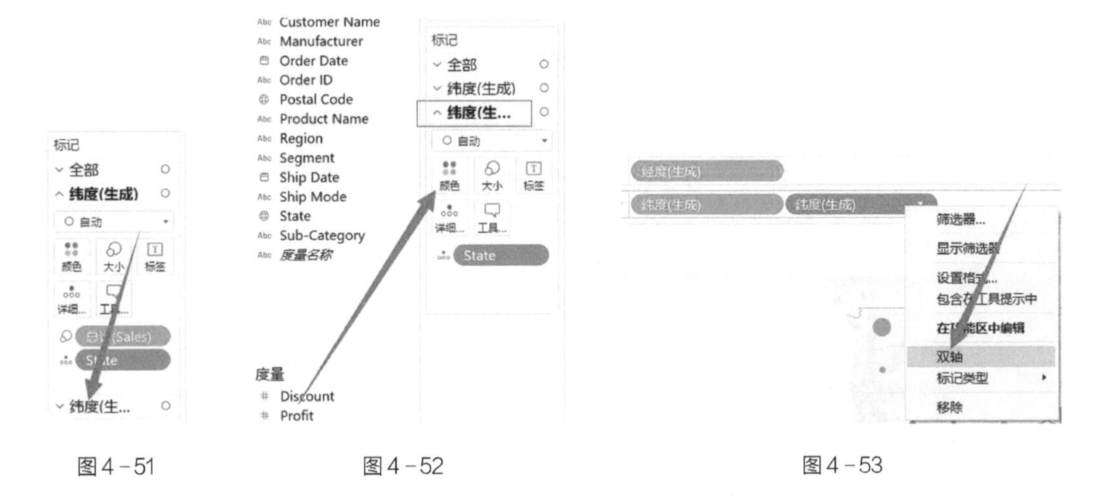

图4-51　　图4-52　　图4-53

操作结果如图4-54所示，此时符号地图上的“点”不够突出，需进一步调整设置。

步骤 16　点选上方地图的标记设置区，如图4-55所示。

步骤 17　点选标记卡［颜色］，如图4-56所示。

步骤 18　点选左上角最深的黑色块，如图4-57所示。

步骤 19　将行区域右侧的［纬度（生成）］拖到左侧，如图4-58所示。

步骤 20　为了更为清晰地显示地区，将［State］拖到（上方地图）标记卡［标签］，如图4-59所示。

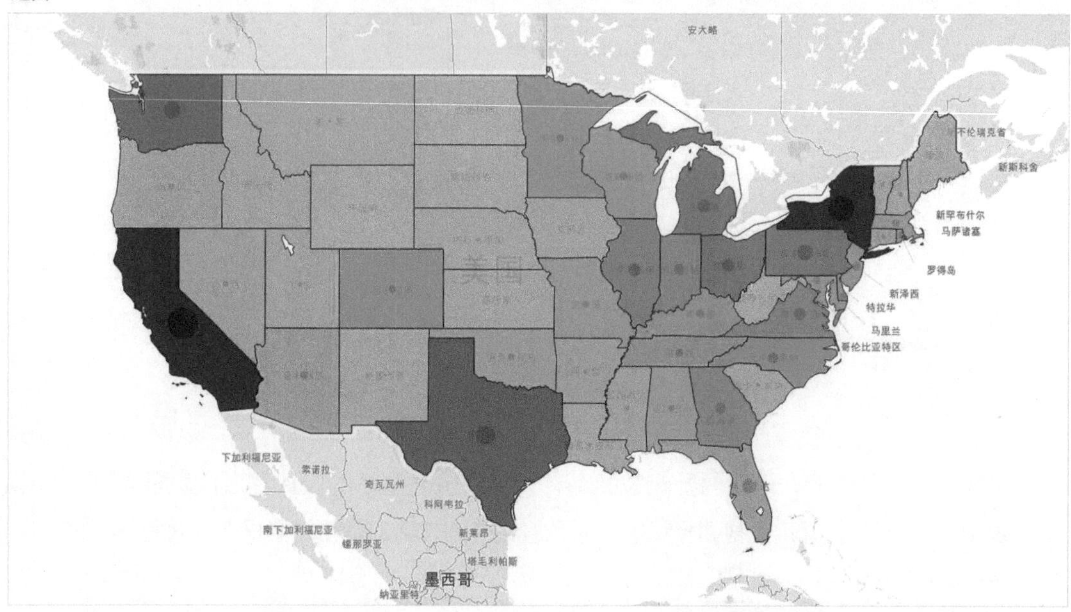

图 4－54

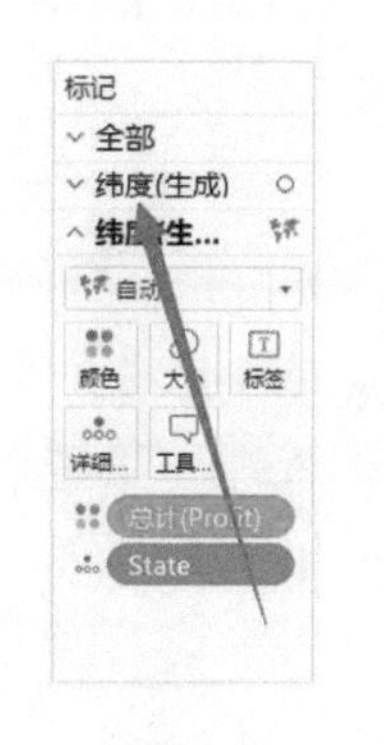

图 4－55

图 4－56

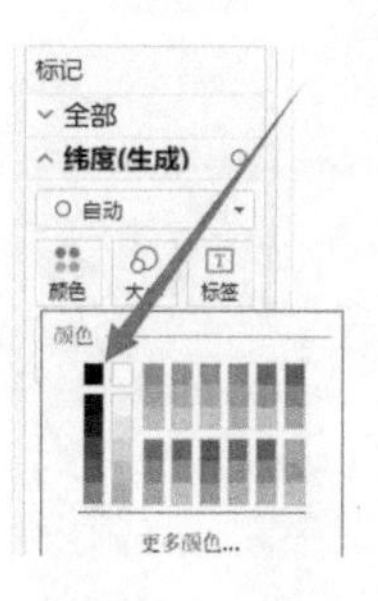

图 4－57

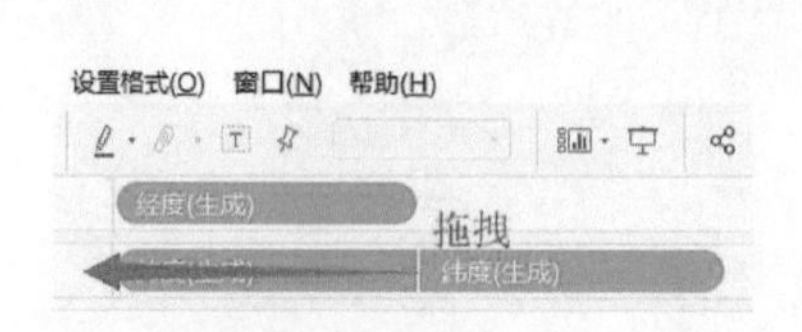

图 4－58

图 4－59

操作结果如图 4－60 所示。

地图

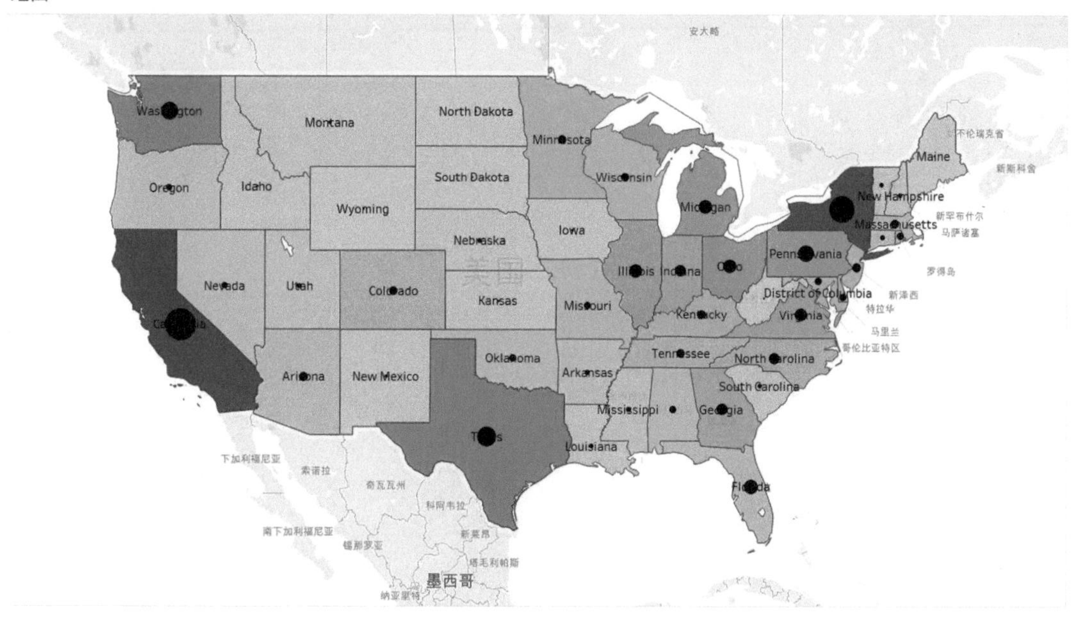

图 4－60

操作完成■

四　创建多维地图

多维地图是指多个不同的维度信息用多个地图展示，实现数据的分维度对比分析。多维地图要在已经创建好的符号地图或填充地图的基础上创建。

下面以符号地图为基础，介绍创建多维地图的步骤与方法。

步骤 1　导入数据，如图 4－61 所示。

Order Date	Order ID	Postal Code	Product Name	Region	Segment	Ship Date	Ship Mode
2018/12/30	CA-2014-143259	10009	Bush Westfield Collec...	East	Consumer	2019/1/3	Standard Class
2018/12/30	CA-2014-126221	47201	Eureka The Boss Plus ...	Central	Home Office	2019/1/5	Standard Class
2018/12/30	CA-2014-156720	80538	Bagged Rubber Bands	West	Consumer	2019/1/3	Standard Class
2018/12/30	CA-2014-115427	94533	GBC Binding covers	West	Corporate	2019/1/3	Standard Class
2018/12/30	CA-2014-115427	94533	Cardinal Slant-D Ring...	West	Corporate	2019/1/3	Standard Class
2018/12/30	CA-2014-143259	10009	Wilson Jones Legal Si...	East	Consumer	2019/1/3	Standard Class
2018/12/30	CA-2014-143259	10009	Gear Head AU3700S ...	East	Consumer	2019/1/3	Standard Class
2018/12/29	US-2014-158526	40214	DMI Arturo Collectio...	South	Consumer	2019/1/1	Second Class

图 4－61

步骤 2　进入工作表，如图 4－62 所示。

步骤 3　修改表名为“地图”，如图 4－63 所示。

步骤 4　双击［State］，如图 4－64 所示。

步骤 5　单击视图右下角的“49 未知”，如图 4－65 所示。

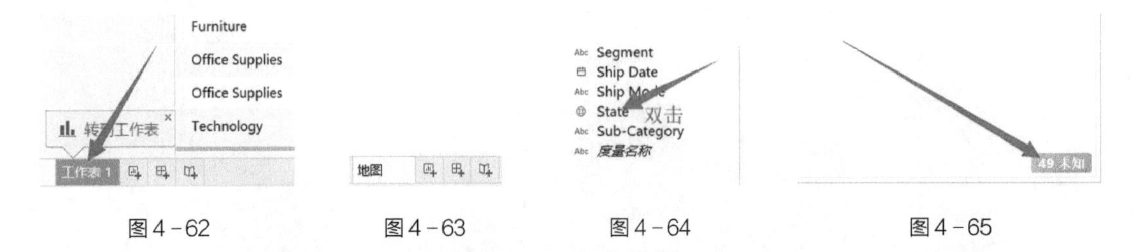

图 4－62　　图 4－63　　图 4－64　　图 4－65

步骤 6　在出现的界面中点选［编辑位置］，如图 4－66 所示。

步骤 7　在“编辑位置”对话框中，设置［国家/地区］为“美国”，如图 4－67 所示。

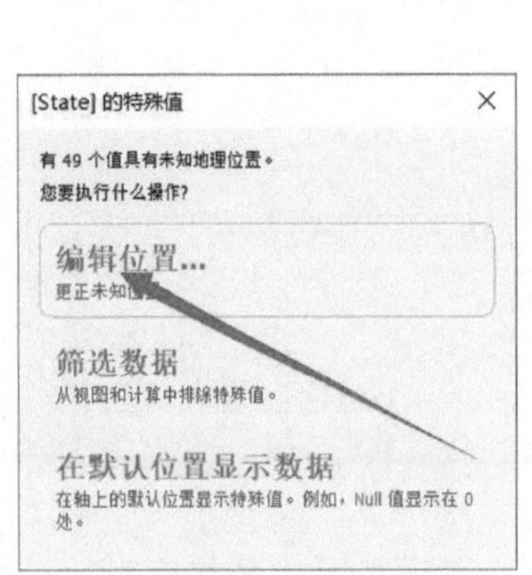

图 4－66

图 4－67

步骤 8　单击确定，如图 4－68 所示。

步骤 9　将［Sales］拖到标记卡［大小］，如图 4－69 所示。

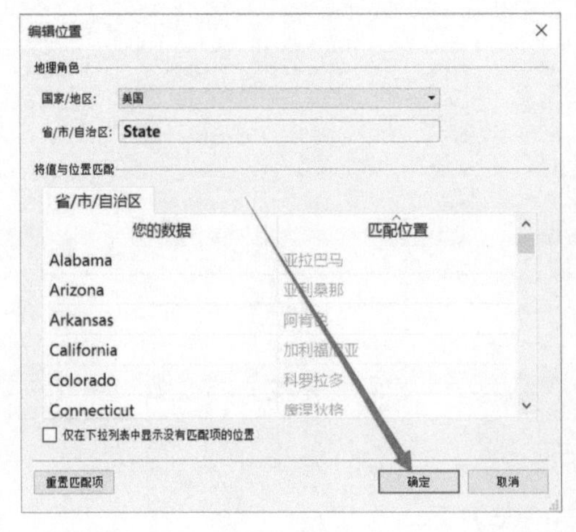

图 4－68

图 4－69

步骤 10 为了更为清晰地显示地区名称及销售金额，需为［State］及［Sales］添加标签。按住 Ctrl 键分别点选［State］及［Sales］，并拖到标记卡［标签］，如图 4－70 所示。

步骤 11 将［Order Date］拖到列，如图 4－71 所示。

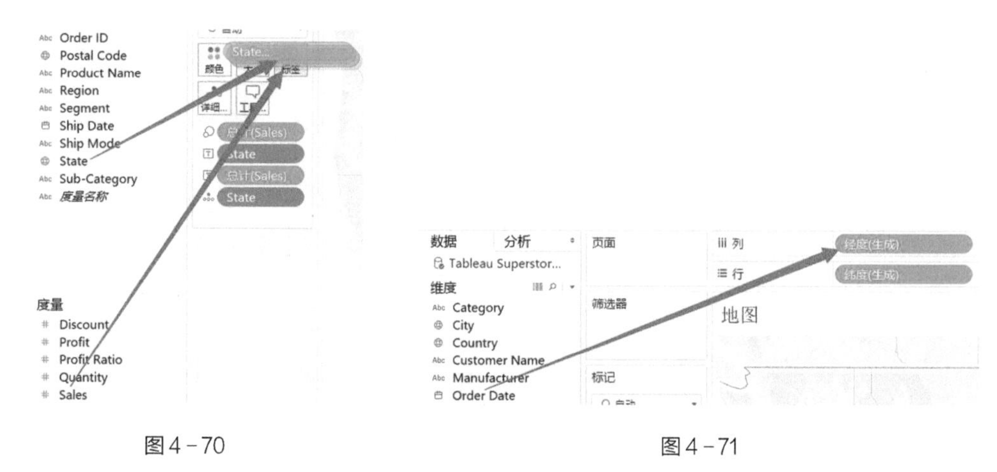

图 4－70　　　　图 4－71

操作结果如图 4－72 所示，从左到右依次显示 2015、2016、2017、2018 年的销售额分布情况。

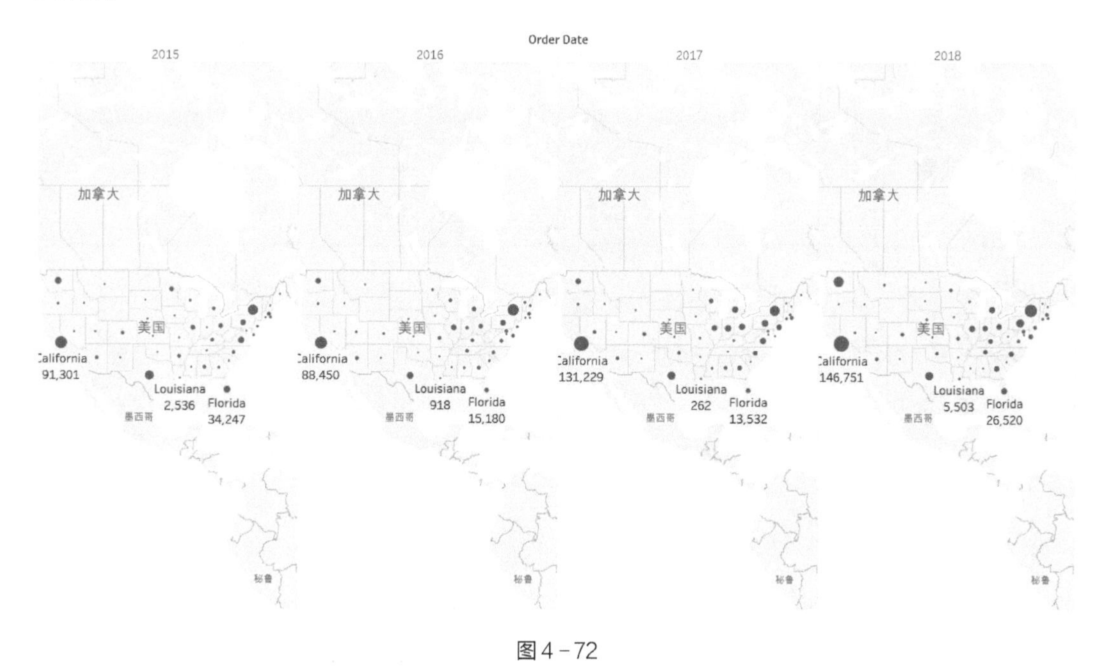

图 4－72

步骤 12 将［Category］拖到行，如图 4－73 所示。

操作结果如图 4－74 所示，从上到下依次为 Furniture、Office Supplies、Technology 三类产品在历年的销售额分布情况。

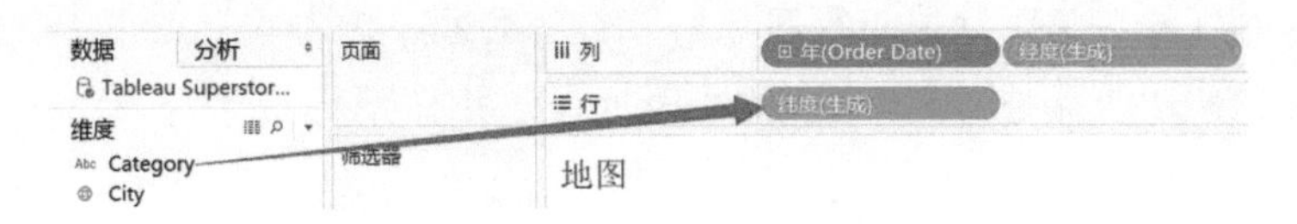

图 4-73

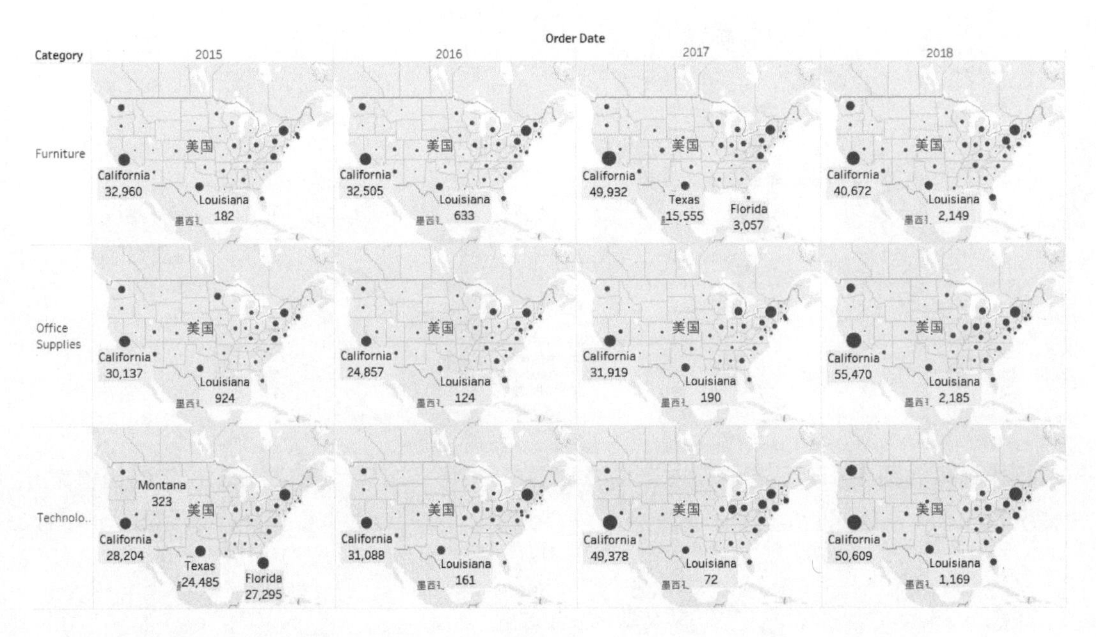

图 4-74

操作完成■

习 题

现某统计局要求查看全国各地区粮食产量，请连接数据（地区粮食产量 . CSV）并进行地图可视化分析。

项 目 五
高级数据操作

任务一　计算字段的创建与使用
任务二　参考线及参考区间的创建与使用
任务三　分层结构的创建与使用
任务四　组的创建与使用
任务五　集的创建与使用
任务六　参数的创建与使用
任务七　表计算的创建与使用
任务八　详细级别表达式的创建与使用

本项目主要介绍如何创建计算字段、参考线及参考区间、分层结构、组、集、参数、表计算、详细级别表达式，并讲述如何灵活运用它们进行数据可视化分析。

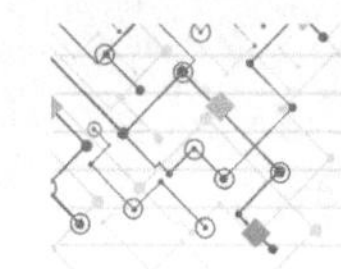

任务一　计算字段的创建与使用

任务目标 观察电商平台在各省/自治区的盈利情况。

相关知识 通过计算订单集合（如某地区、某产品类别、某客户类别等）的汇总利润率，可以了解该类订单的盈利情况，从而对该类订单的经营状况做出精准的判断。订单集合（某类订单）的利润率并不等于该类所有订单利润率的平均值，而是等于该类所有订单的利润总和/销售额总和。

任务分析 原始数据为某电商网站的交易数据，包含所有订单的销售额及利润。创建计算字段，基于订单的销售额和利润计算订单集合的汇总利润率。

任务数据 见“家具电商数据”。

步骤 1 导入数据，如图 5－1 所示。

步骤 2 进入工作表，如图 5－2 所示。

排序字段 数据源顺序

利润率	记录数	制造商	产品名称
0.00000	1	Advantus	Advantus 灯泡, ...
0.00000	1	Fellowes	Fellowes 锁柜, 蓝色
0.00000	1	Avery	Avery 装订机, 回收
0.00000	1	Tenex	Tenex 文件夹, 工业
0.00000	1	Novimex	Novimex 沙滩椅, ...
0.00000	1	思科	思科 办公室电话...
0.00000	1	Cuisinart	Cuisinart 冰箱, 红...
0.00000	1	Hoover	Hoover 炉灶, 白色
0.00000	1	Cuisinart	Cuisinart 冰箱, 红...
0.00000	1	Novimex	Novimex 文件夹...
0.00000	1	Advantus	Advantus 灯泡, ...

图 5－1

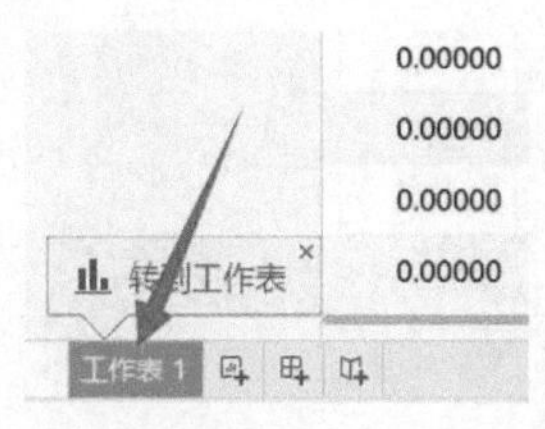

图 5－2

步骤 3 创建计算字段——汇总利润率，公式为“sum([利润])/sum([销售额])”，如图 5－3、图 5－4 所示。

注❶ 在录入公式时，既可直接在［ ］内录入度量名称，也可通过将所需的度量“拖放”到指定区域来完成。

注❷ 此时计算字段创建完成。接下来的步骤是关于计算字段的使用。

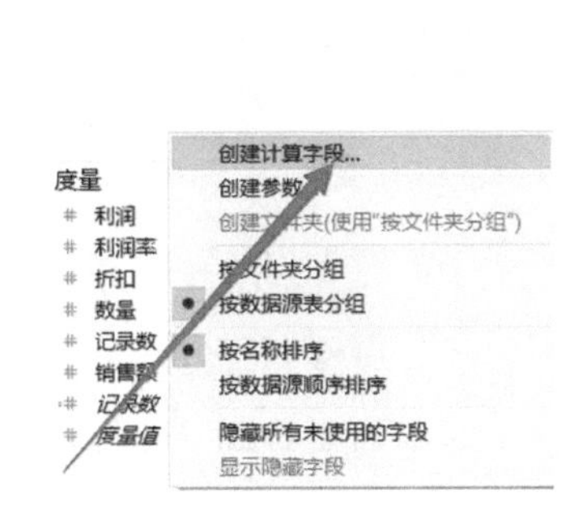

图5-3

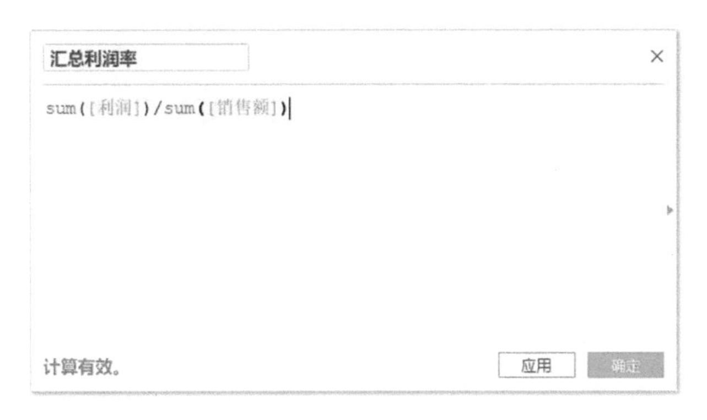

图5-4

步骤 4 将［类别］拖到行，如图5-5所示。

步骤 5 将［汇总利润率］拖到列，如图5-6所示。

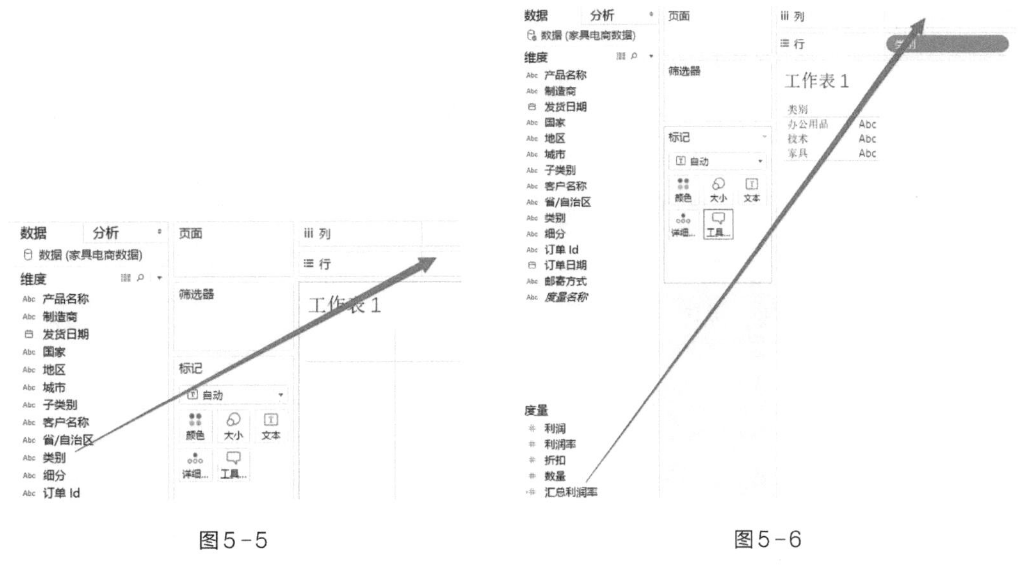

图5-5　　图5-6

操作完成■

任务二　参考线及参考区间的创建与使用

任务目标 借助参考线及参考区间观察电商平台在各省/自治区的盈利情况。

相关知识 参考线（参考区间）是指视图中某个连续轴上的某个特定值、区域或范围，用以在视图的主体元素（如柱体、折线等）之外，提供平均水平、分布区间等辅助信息，帮助使用者对比个体与“整体平均”水平的差距，或是明确个体在“整体分布”中的“位置”，从而更好地对个体的表现做出评价。

任务分析 创建计算字段汇总利润率，创建条形图对比分析各省/自治区的汇总利润率，添加参考线及参考区间。

任务数据 见“家具电商数据”。

步骤 1 导入数据，如图 5－7 所示。

步骤 2 进入工作表，如图 5－8 所示。

利润率	记录数	制造商	产品名称
0.00000	1	Advantus	Advantus 灯泡, ...
0.00000	1	Fellowes	Fellowes 锁柜, 蓝色
0.00000	1	Avery	Avery 装订机, 回收
0.00000	1	Tenex	Tenex 文件夹, 工业
0.00000	1	Novimex	Novimex 沙滩椅, ...
0.00000	1	思科	思科 办公室电话...
0.00000	1	Cuisinart	Cuisinart 冰箱, 红...
0.00000	1	Hoover	Hoover 炉灶, 白色
0.00000	1	Cuisinart	Cuisinart 冰箱, 红...
0.00000	1	Novimex	Novimex 文件夹...
0.00000	1	Advantus	Advantus 灯泡, ...

图5－7

步骤 3 创建计算字段——汇总利润率，公式为“sum([利润])/sum([销售额])”，如图 5－9、图 5－10 所示。

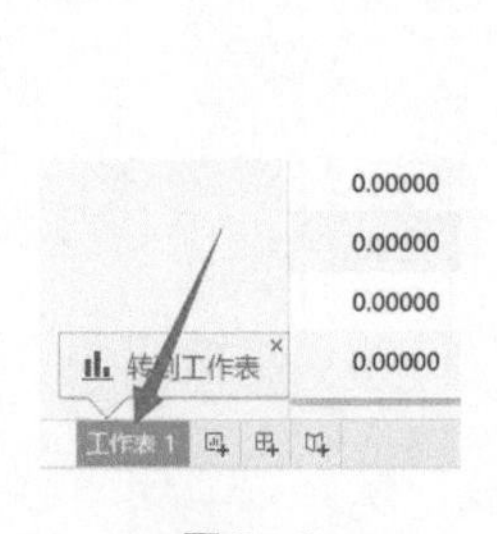

图5－8

图5－9

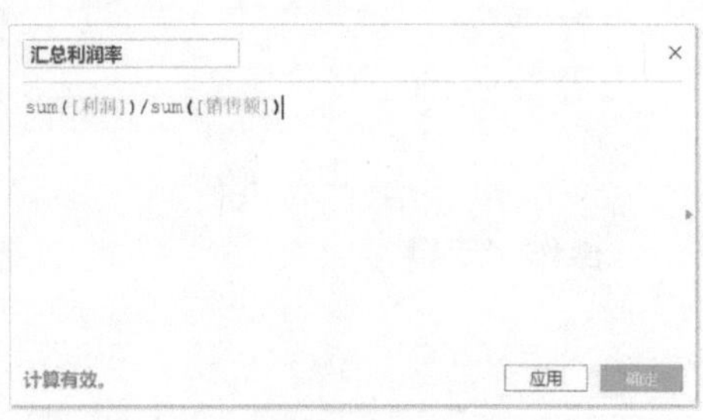

图5－10

步骤 4 将［省/自治区］拖到行，如图 5－11 所示。

步骤 5 将［汇总利润率］拖到列，如图 5－12 所示。

步骤 6 设置降序排列，如图 5－13 所示。

步骤 7 在横轴任意位置单击右键，点选［添加参考线］，如图 5－14 所示。

步骤 8 在弹出的“添加参考线、参考区间或框”对话框中，点选［线］，范围选择“整个表”，值设为“聚合（汇总利润率）”“平均值”，标签设为“值”，如图 5－15 所示。

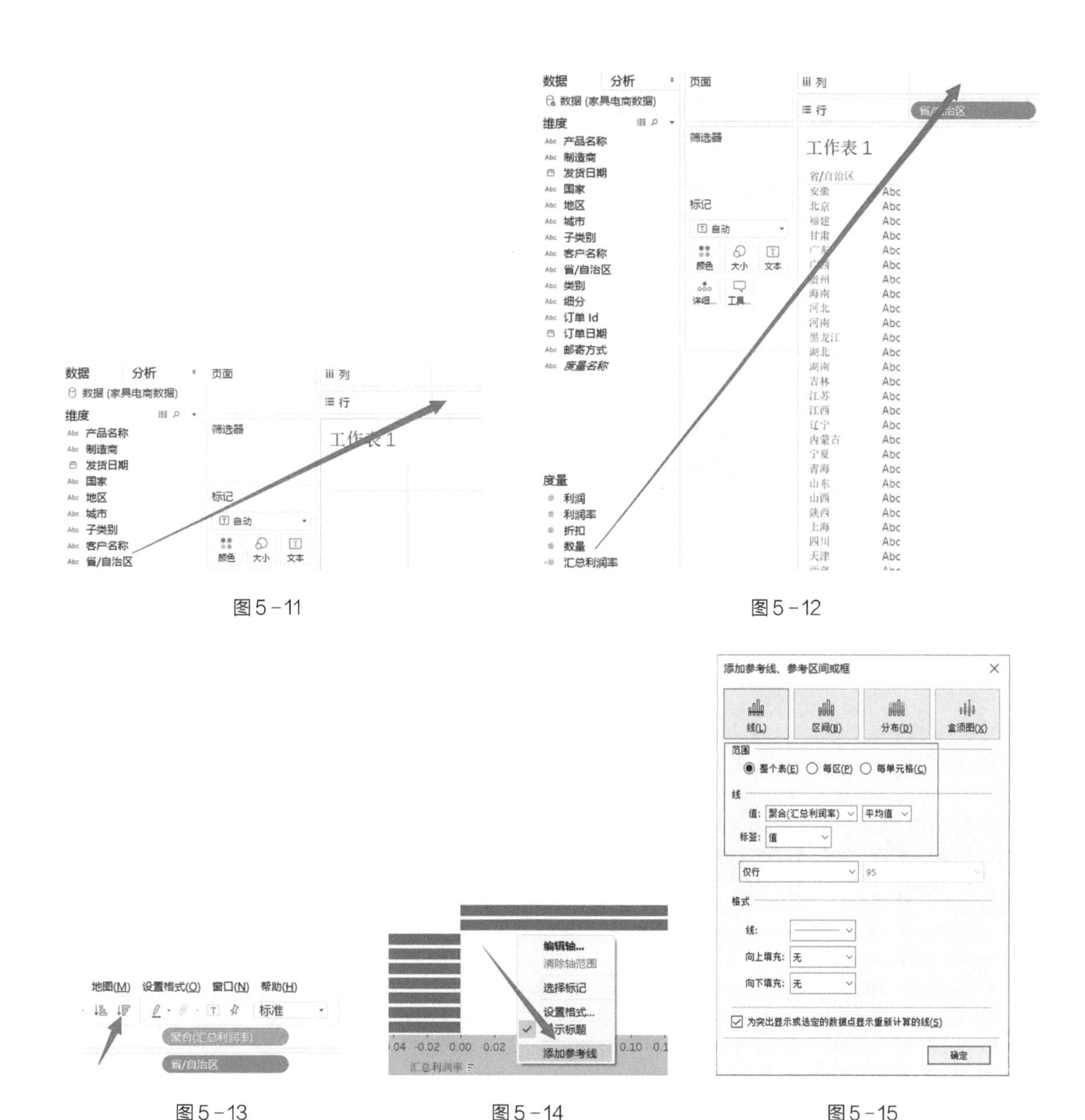

图 5－11　　图 5－12

图 5－13　　图 5－14　　图 5－15

操作结果如图 5－16 所示，此时即可在图中显示“汇总利润率”的均值所在的位置，便于分析各地区的盈利情况。

注　以下将移除参考线，设置参考区间。

步骤 9　在横轴任意位置单击右键，点选［移除参考线］，如图 5－17 所示。

步骤 10　在横轴任意位置单击右键，点选［添加参考线］，如图 5－18 所示。

步骤 11　在弹出的对话框中点选［区间］，范围选择“整个表”，区间开始值设为“聚合（汇总利润率）”“平均值”、标签设为“值”，区间结束值设为“聚合（汇总利润率）”“中位数”、标签设为“值”，如图 5－19 所示。

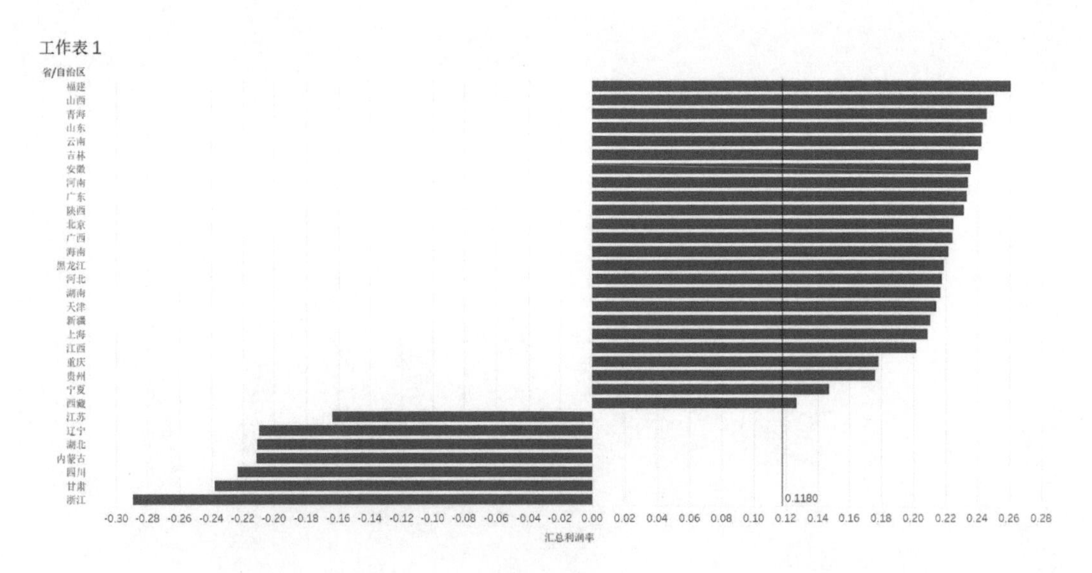

图5-16

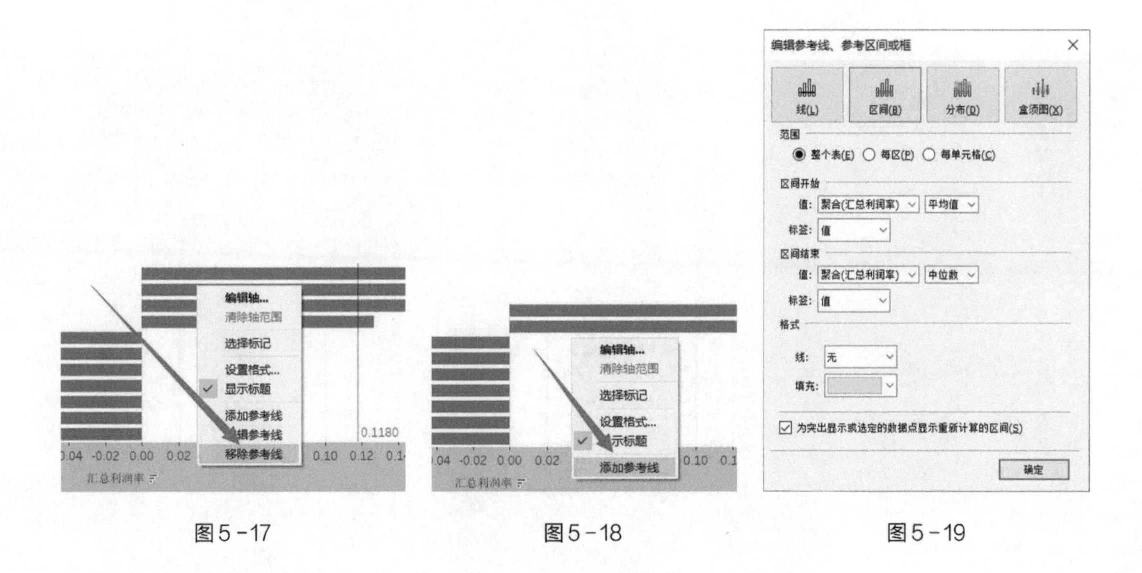

图5-17　　图5-18　　图5-19

注❶ 在实务中，区间开始值与区间结束值根据分析需要设置。

注❷ 此时即可在图中分别显示“汇总利润率”的中位数及均值所在的位置，便于分析各地区的盈利情况。以下将修改参考线的设置。

步骤 12 在横轴任意位置单击右键，点选［编辑参考线］，如图5-20所示。

步骤 13 在弹出的对话框中点选［分布］，范围选择“整个表”，计算值为“60%，80%/平均值”，标签设为“值”，如图5-21所示。

操作结果如图5-22所示，此时即可分别显示“汇总利润率”均值的60%及80%所在的位置。

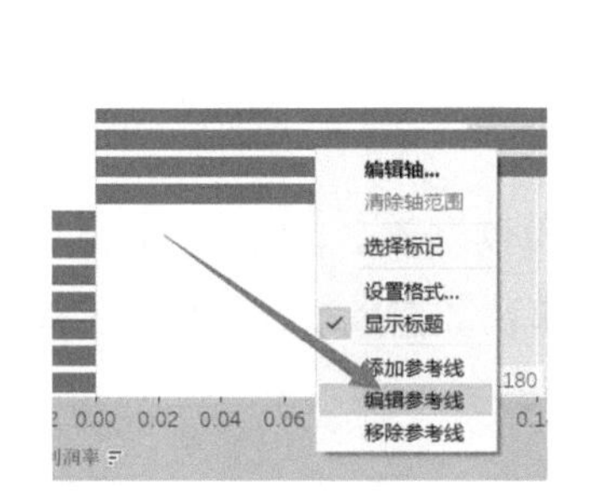

图 5-20

编辑参考线、参考区间或框
线(L)
区间(B)
分布(D)
盒须图(X)
范围
整个表(E) 每区(P) 每单元格(C)
计算
值: 60%,80%/平均值
标签: 值
格式
线: 无
填充:
向上填充(A)
向下填充(O)
对称(Y)
为突出显示或选定的数据点显示重新计算的区间(S)
确定

图 5-21

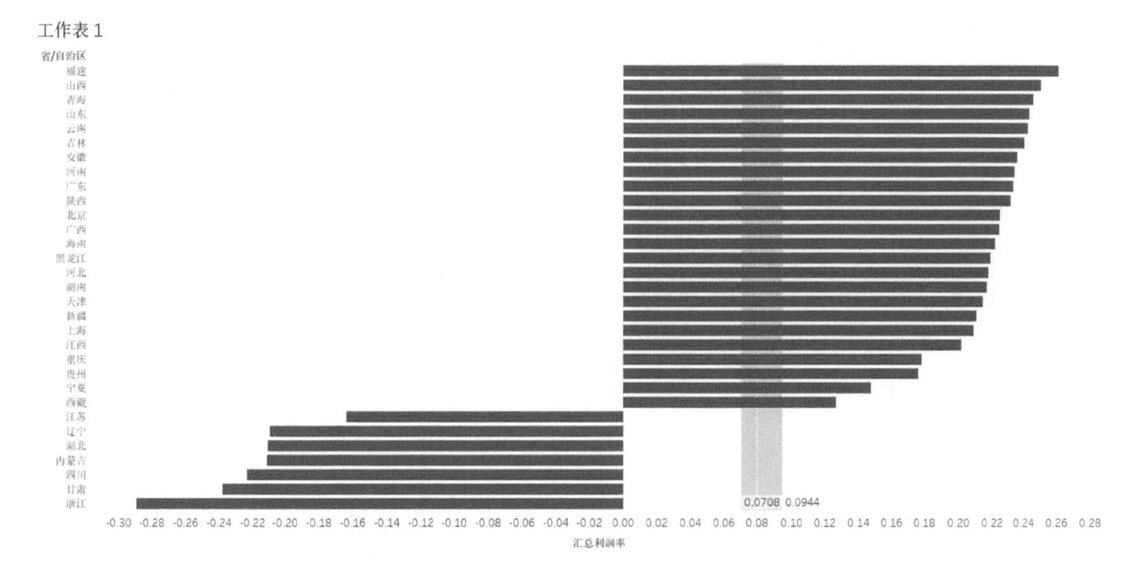

图 5-22

操作完成■

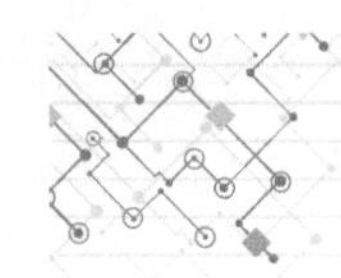

任务三　分层结构的创建与使用

任务目标 熟悉分层结构的创建及使用。

相关知识 分层结构在商业、社会环境中应用较为普遍。例如：企业组织架构、电商平台的产品类目、行政区域划分等。为了解不同层级的数据表现，需要在不同的层级对指标进行分析，从而全方位地展示企业经营现状，揭示可能存在的问题。

任务分析 原始数据中有国家、地区、省/自治区、城市四个字段，创建包含这四个地理层级的分层结构，基于该分层结构对销售额进行分析。

任务数据 见“家具电商数据”。

步骤 1 导入数据，如图 5－23 所示。

步骤 2 进入工作表，如图 5－24 所示。

步骤 3 按住 Ctrl 键，左键分别单击［国家］、［地区］、［城市］、［省/自治区］四个字段，如图 5－25 所示。

步骤 4 右键单击任意被选中字段，依次点选［分层结构］—［创建分层结构］，如图 5－26 所示。

排序字段　数据源顺序

数据 利润率	数据 记录数	数据 制造商	数据 产品名称
0.00000	1	Advantus	Advantus 灯泡, ...
0.00000	1	Fellowes	Fellowes 锁柜, 蓝色
0.00000	1	Avery	Avery 装订机, 回收
0.00000	1	Tenex	Tenex 文件夹, 工业
0.00000	1	Novimex	Novimex 沙滩椅, ...
0.00000	1	思科	思科 办公室电话...
0.00000	1	Cuisinart	Cuisinart 冰箱, 红...
0.00000	1	Hoover	Hoover 炉灶, 白色
0.00000	1	Cuisinart	Cuisinart 冰箱, 红...
0.00000	1	Novimex	Novimex 文件夹...
0.00000	1	Advantus	Advantus 灯泡, ...

图 5－23

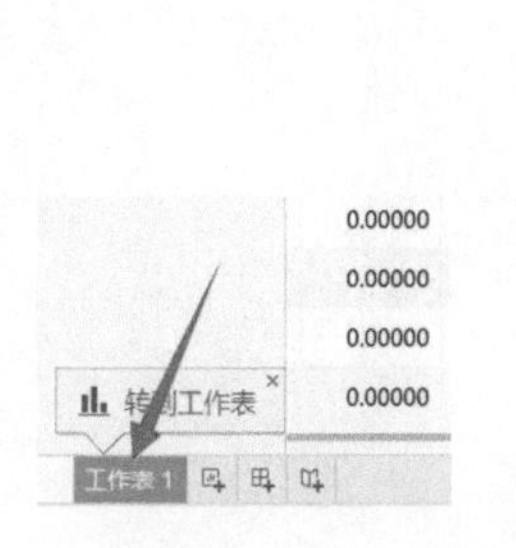

图 5－24

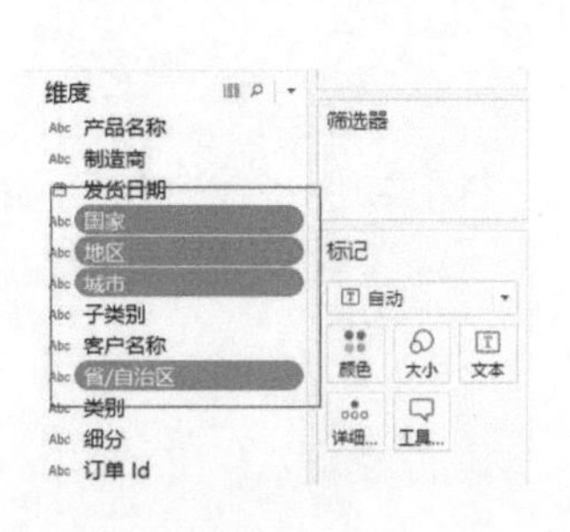

图 5－25

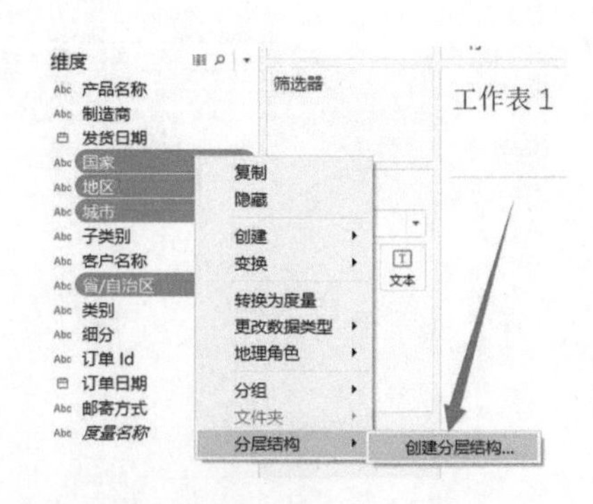

图 5－26

步骤 5 对创建的分层结构重命名为“地区分层结构”，如图 5－27 所示。

注 在这四个“地区分层结构”字段中，国家的层级最高，地区次之，接下来是省/自治区，最后是城市。如果生成的初始层级结构不符合该顺序则需要调整。

步骤 6 调整分层结构，将［省/自治区］拖到［城市］以上、［地区］以下，如图5－28所示。

图5－27　　图5－28

注　此时分层结构生成完毕，接下来的步骤是关于分层结构的使用。

步骤 7 将［地区分层结构］拖到行，如图5－29所示。

步骤 8 将［销售额］拖到列，如图5－30所示。

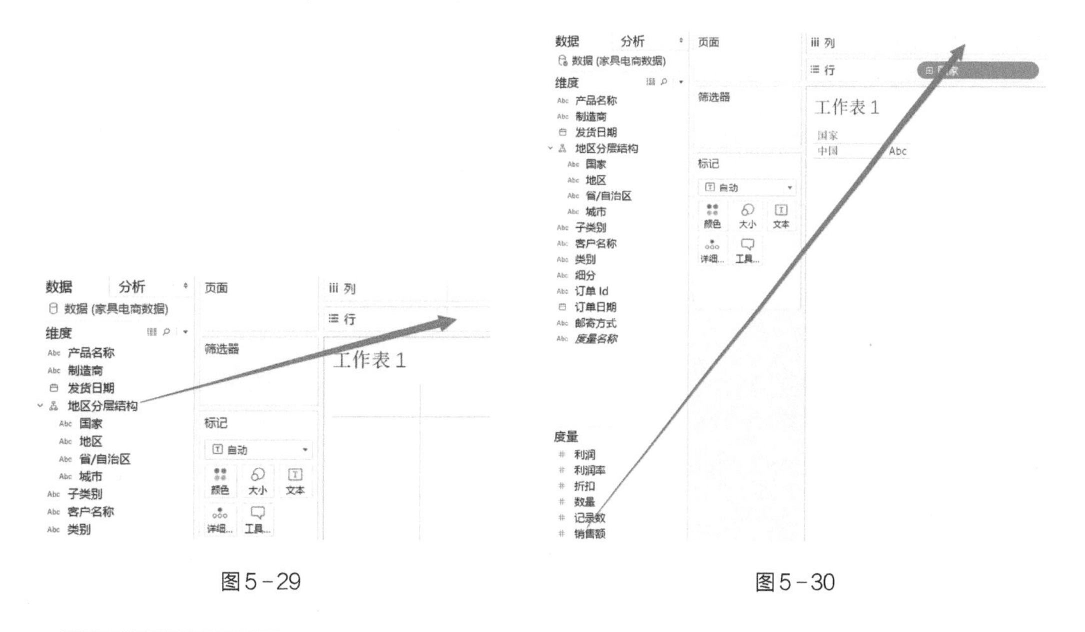

图5－29　　图5－30

注　此时得到最高级别——“国家”的销售额汇总结果。

步骤 9 单击［国家］左侧的“+”号，进行下钻，如图5－31所示。

注　下钻是指将分析层级由高层级切换到低层级；相反，上钻是指将分析层级由低层级切换到高层级。

步骤 10 此时已经得到“地区”级别的销售额条形图，单击［地区］左侧的“+”号，继续下钻，如图5－32所示。

步骤 11 此时已经得到各“省/自治区”级别的销售额条形图，单击［省/自治区］左侧的“+”号，继续下钻，如图5－33所示。

步骤 12 调整视图尺寸为“整个视图”，如图5－34所示。

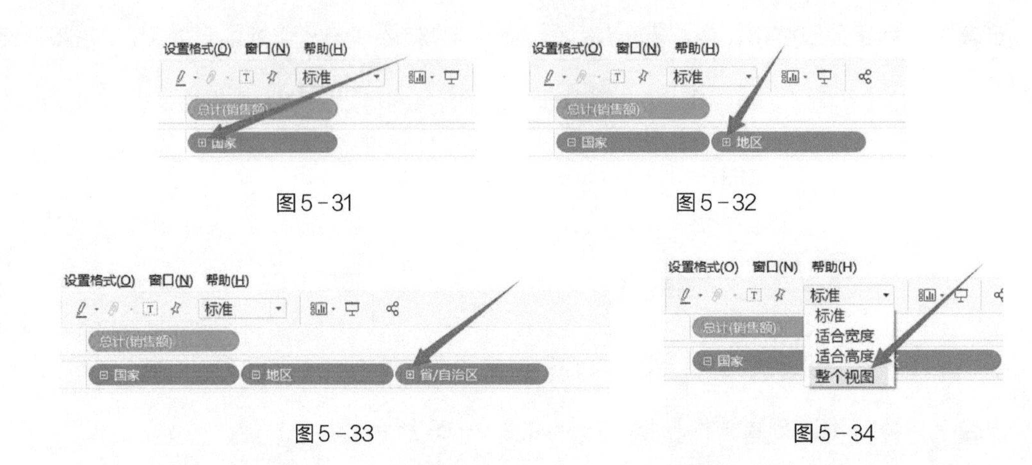

图5－31　　图5－32

图5－33　　图5－34

操作结果如图5－35所示，此时的分层结构已经调整到最底层，即显示所有城市的销售汇总结果。

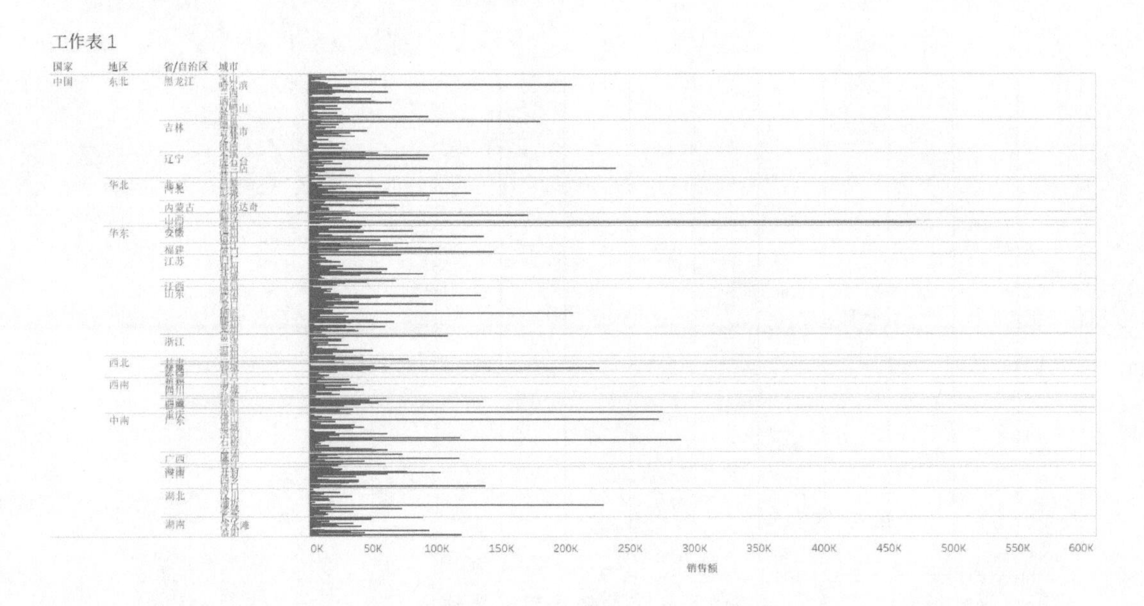

图5－35

> 注　由于城市的数量较多，因此条形较细。

步骤13　单击［省/自治区］左侧的“－”号，可实现上钻，如图5－36所示。

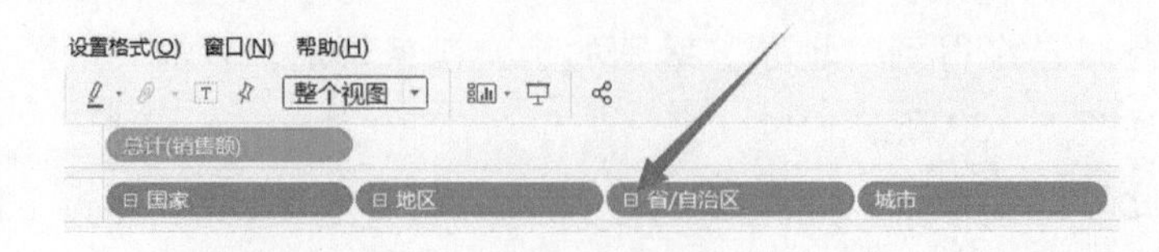

图5－36

步骤 14 单击［地区］左侧的"-"号，可继续上钻，如图 5-37 所示。

图 5-37

操作结果如图 5-38 所示，此时的层级结构已经调整到"地区"级，如果继续上钻将回到"国家"级的销售额汇总结果。

图 5-38

操作完成■

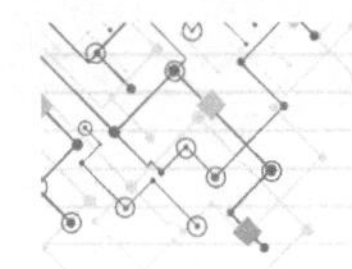

任务四　组的创建与使用

任务目标 将不同类别的商品分为新的组，基于分组对销售情况进行分析。

相关知识 在数据分析实务中，往往需要基于不同的标准对分析对象进行分类，以不同的视角展开分析过程。分组功能提供了实现这一目标的手段。通过分组，可以基于不同的目的将数据个体划分为不同的类别，从而实现“随需而变”的分析，更好地满足多样化的分析需要。

任务分析 对商品类别进行分组，查看分组商品销售额分布情况。

任务数据 见“商超销售数据”。

步骤 1 导入数据，如图 5－39 所示。

排序字段 数据源顺序

Sheet1 日期	Sheet1 商品编码	Sheet1 类别	Sheet1 销售量	Sheet1 销售价格
2016/1/1	2,650	家居用品	175	278
2016/1/1	3,550	杂货	908	61
2016/1/1	4,053	家居用品	1	500
2016/1/1	3,076	杂货	714	114
2016/1/1	2,031	杂货	65	48
2016/1/1	3,066	家居用品	87	366
2016/1/1	2,067	家居用品	92	521
2016/1/1	2,800	家居用品	21	449
2016/1/1	2,560	家居用品	127	419
2016/1/1	3,076	家居用品	77	473
2016/1/1	800	女装	2	10

图 5－39

步骤 2 进入工作表，如图 5－40 所示。

步骤 3 右键单击［类别］，依次点选［创建］——［组］，如图 5－41 所示。

步骤 4 按住 Ctrl 键，将日用品、饰品、杂货等类别选中并分为一组，如图 5－42 所示。

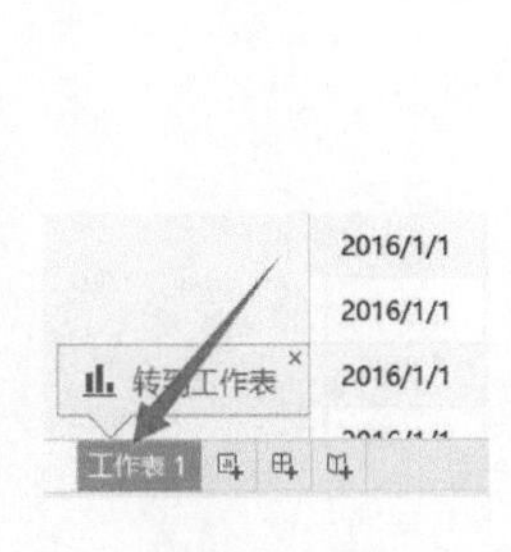

图 5－40

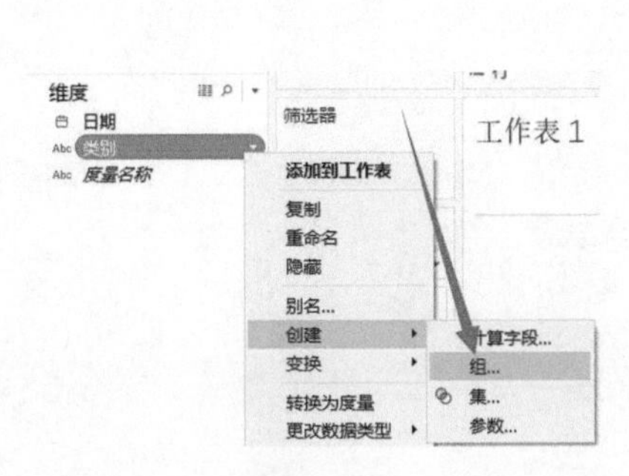

图 5－41

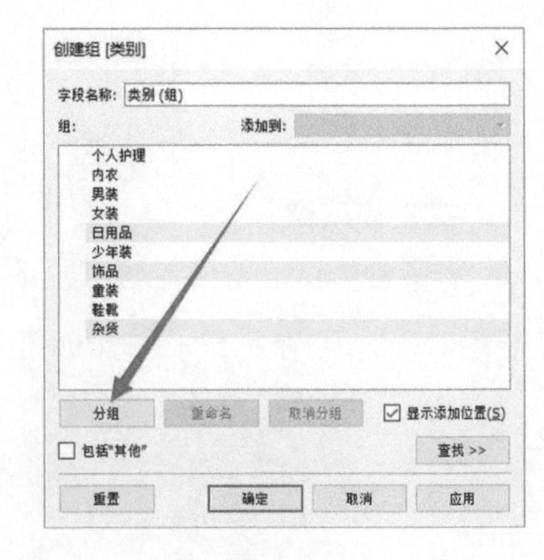

图 5－42

步骤 5 将步骤 4 所得到的组命名为“家居用品”，如图 5－43 所示。

步骤 6 按住 Ctrl 键，将少年装、童装等类别选中并分为一组，如图 5－44 所示。

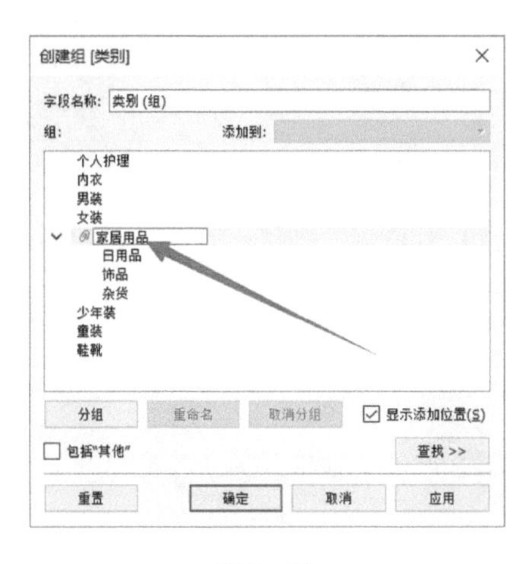

图5-43

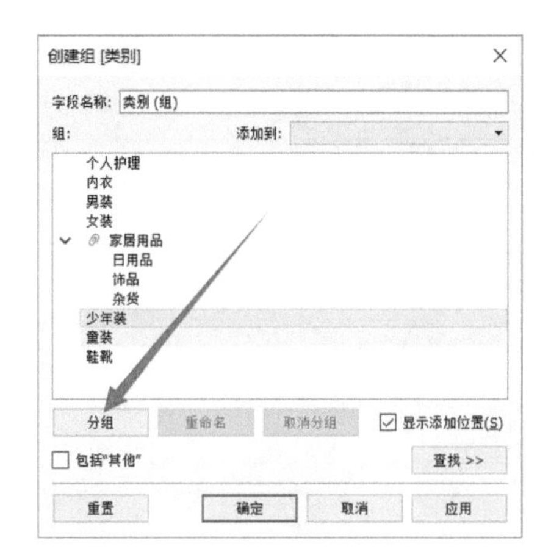

图5-44

步骤 7 将步骤6 所得到的组命名为“青少年服饰”，如图5-45 所示。

步骤 8 按住 Ctrl 键，将男装、女装、鞋靴等类别选中并分为一组，如图5-46 所示。

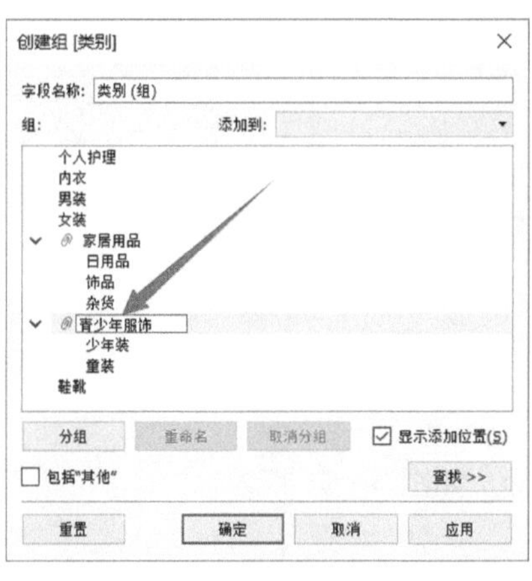

图5-45

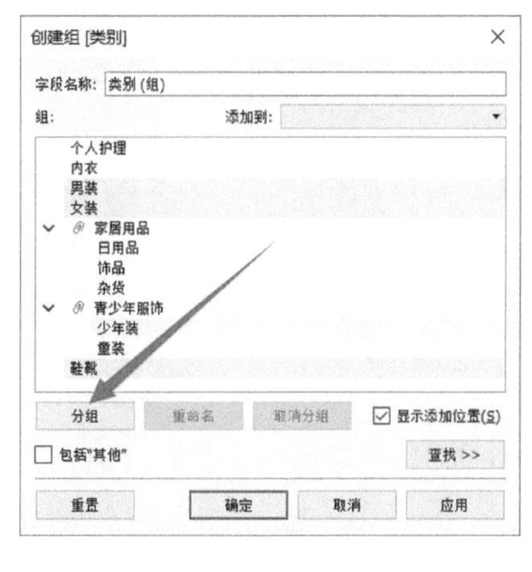

图5-46

步骤 9 将步骤8 所得到的组命名为“成人服饰”，如图5-47 所示。

步骤 10 单击［包括“其他”］，将余下的两个类别（个人护理、内衣）分为一组，如图5-48 所示。

注❶ 如有需要，也可以对“其他”重命名，如图5-49 所示。

注❷ 分组方式取决于分析需要。

操作结果如图5-50 所示，此时组生成完毕，注意到生成的组图标为“回形针”。接下来的步骤是关于组的使用。

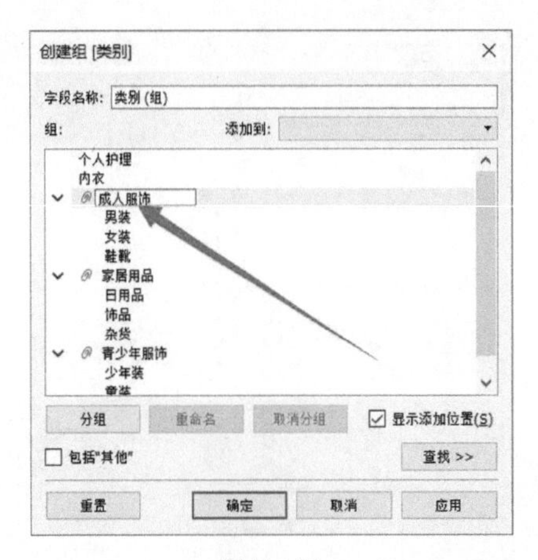

图5-47

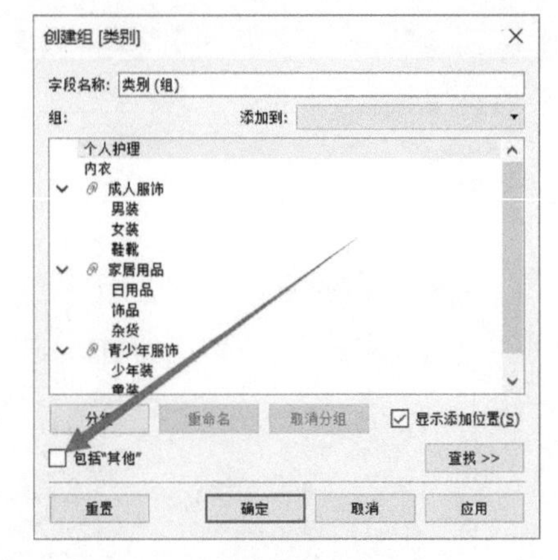

图5-48

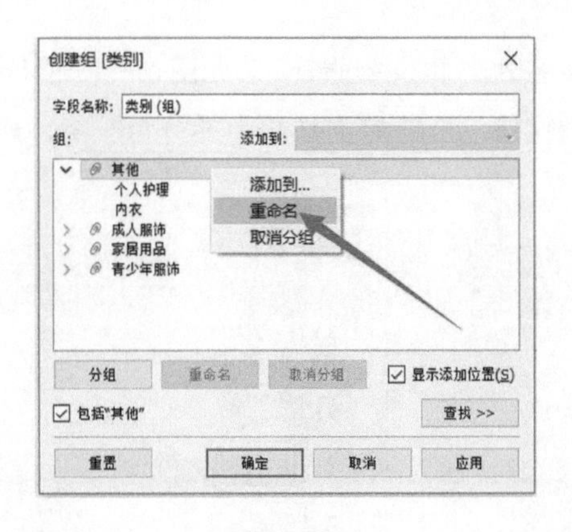

图5-49

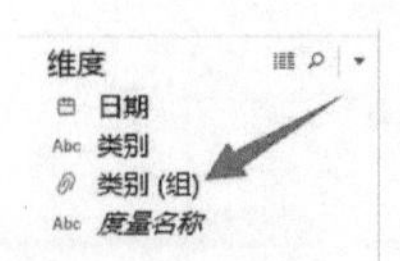

图5-50

步骤 11 将生成的组［类别（组）］拖到行，如图5－51 所示。

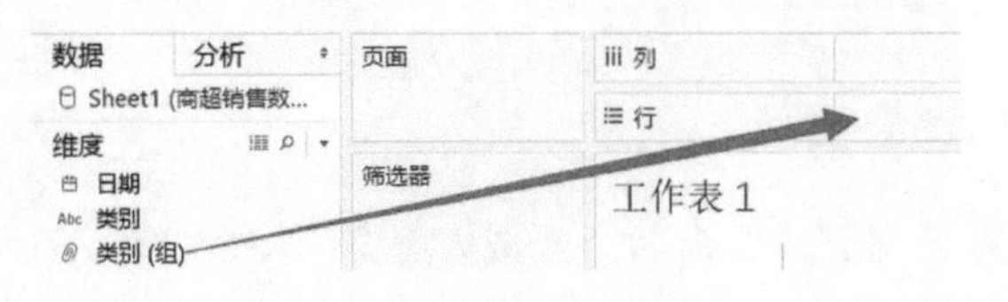

图5－51

步骤 12 为了分析不同组别的销售额，创建计算字段——销售额，公式为“［销售价格］*［销售量］”，如图5－52、图5－53 所示。

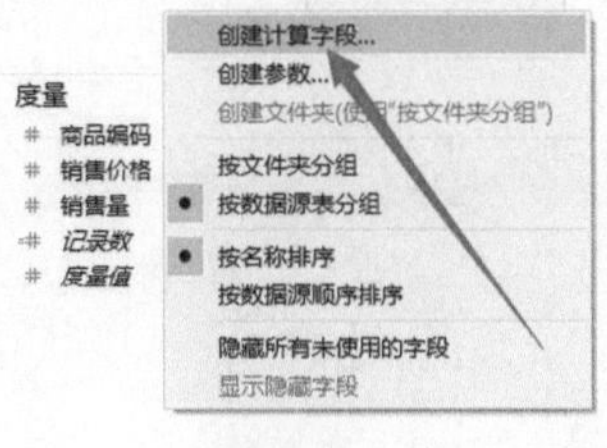

图5－52

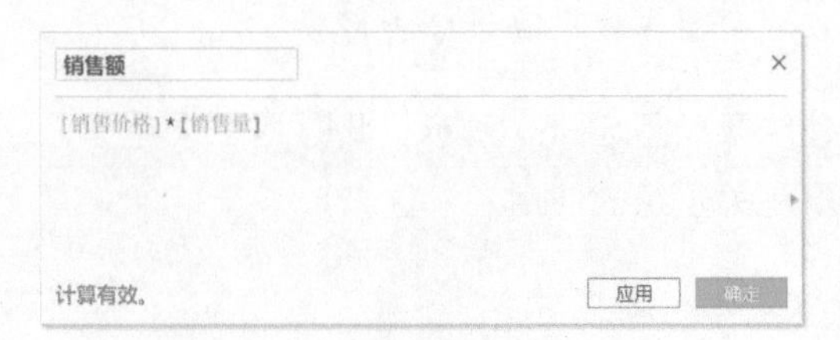

图5－53

步骤 13　将［销售额］拖到列，如图 5－54 所示。

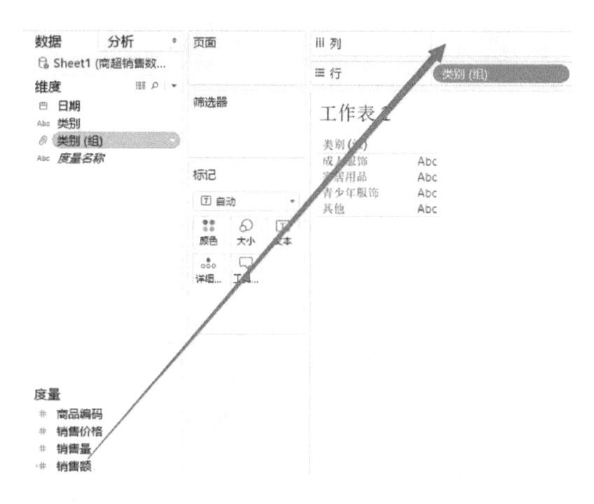

图 5－54

步骤 14　单击标记卡［标签］，勾选［显示标记标签］，如图 5－55 所示。

步骤 15　将视图尺寸设置为“整个视图”，如图 5－56 所示。

操作结果如图 5－57 所示，显示了该电商 2016、2017 年汇总销售额分布情况。可见，成人服饰及家居用品是该电商的两大“支柱”商品。

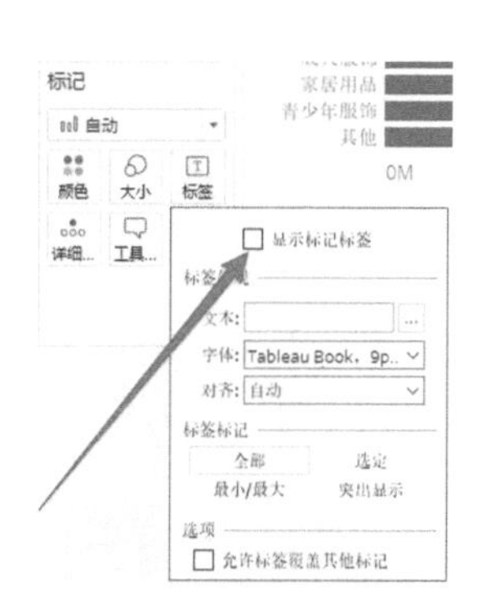

图 5－55

设置格式(O)　窗口(N)　帮助(H)
标准
标准
适合宽度
适合高度
整个视图

图 5－56

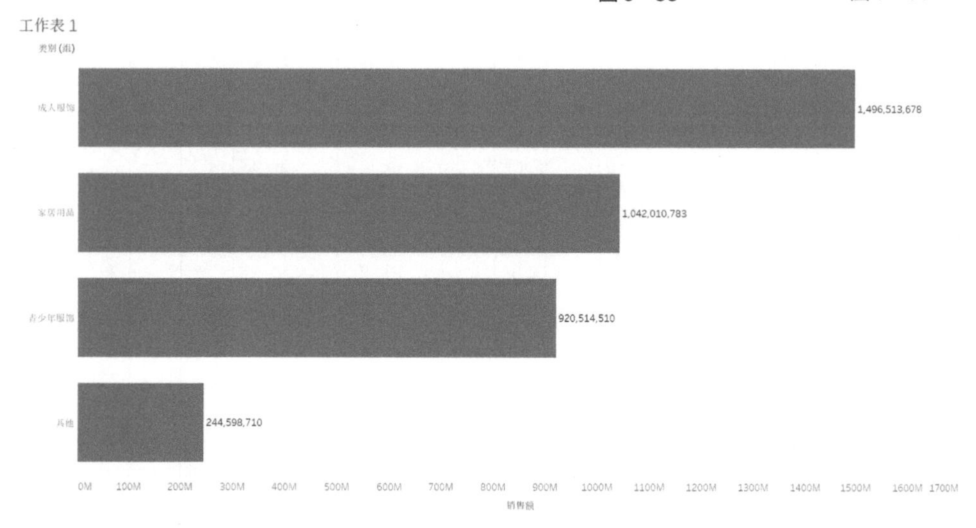

图 5－57

操作完成■

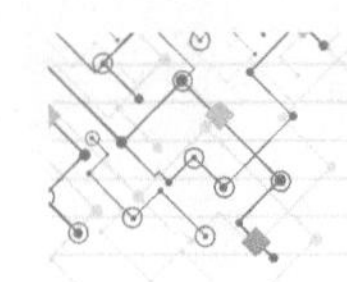

任务五　集的创建与使用

任务目标 分别建立高销售额及高利润率城市的集及其合并集，分析不同集内城市的销售及客户分布情况。

相关知识 在数据分析实务中，往往需要特别关注部分表现突出的分析对象，或是指标较为特别的对象。通过创建集，可以对这部分对象加以“重点突出”，便于更加深入地了解这部分对象。

任务分析 创建固定集：销售额由高到低排名前100的城市。创建动态集：汇总利润率由高到低排名前100的城市。基于前两个集创建合并集：高销售额且高利润率的城市。使用所创建的集。

任务数据 见“家具电商数据”。

步骤1 导入数据，如图5-58所示。

步骤2 进入工作表，如图5-59所示。

排序字段 数据源顺序

数据 利润率	数据 记录数	数据 制造商	数据 产品名称
0.00000	1	Advantus	Advantus 灯泡, ...
0.00000	1	Fellowes	Fellowes 锁柜, 蓝色
0.00000	1	Avery	Avery 装订机, 回收
0.00000	1	Tenex	Tenex 文件夹, 工业
0.00000	1	Novimex	Novimex 沙滩椅, ...
0.00000	1	思科	思科 办公室电话...
0.00000	1	Cuisinart	Cuisinart 冰箱, 红...
0.00000	1	Hoover	Hoover 炉灶, 白色
0.00000	1	Cuisinart	Cuisinart 冰箱, 红...
0.00000	1	Novimex	Novimex 文件夹...
0.00000	1	Advantus	Advantus 灯泡, ...

图5-58

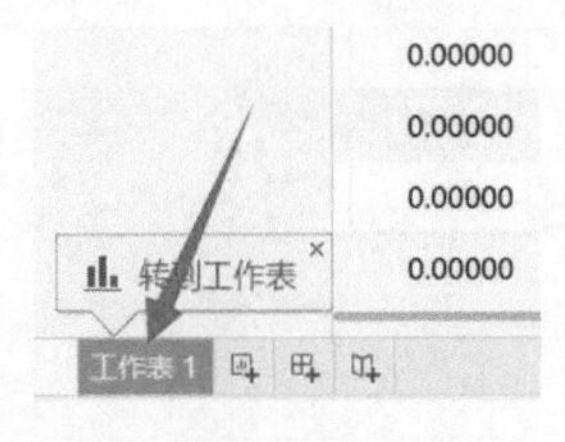

图5-59

步骤3 将［城市］拖到行，如图5-60所示。

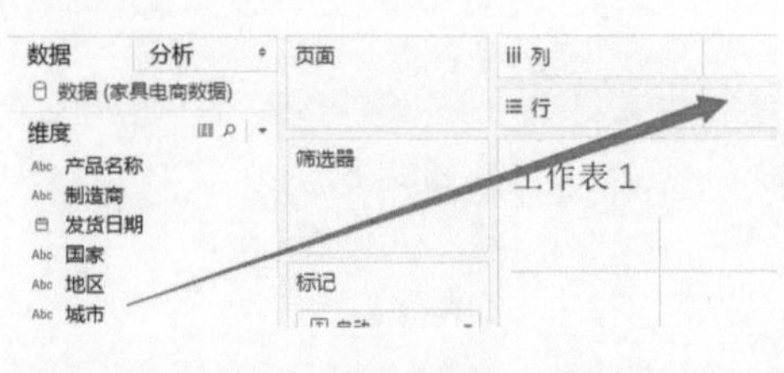

图5-60

步骤 4 将［销售额］拖到列，如图 5－61 所示。

步骤 5 设置降序排序，如图 5－62 所示。

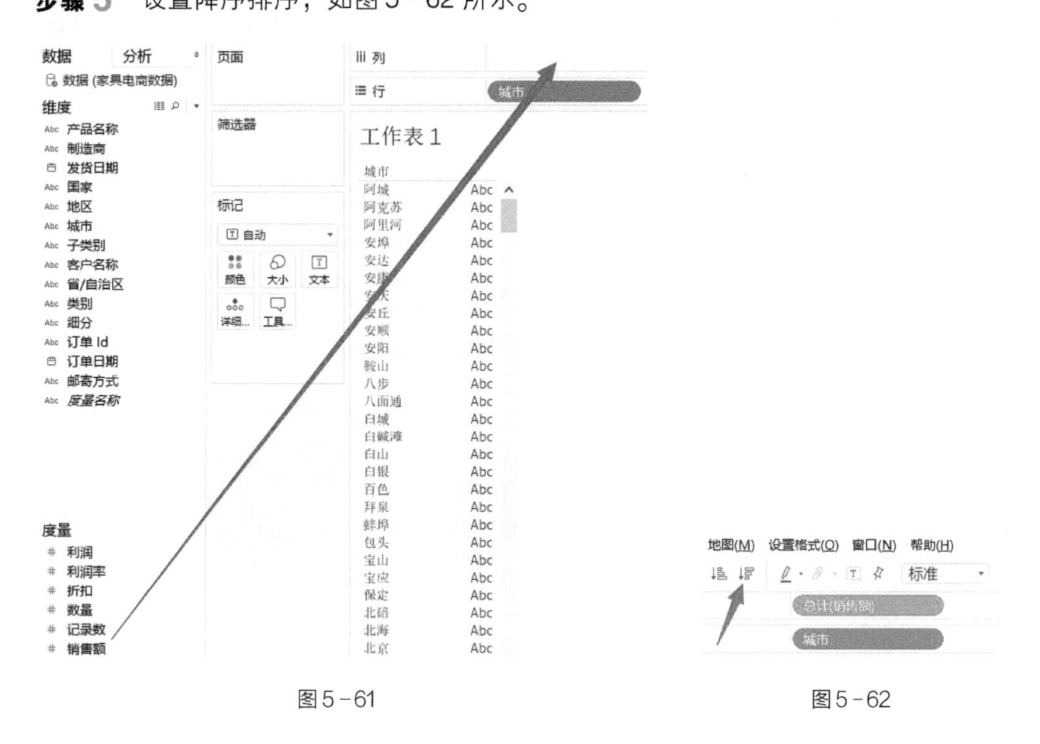

图 5－61　　　　图 5－62

步骤 6 按住 Shift 键，连续选取排名前 100 的城市，如图 5－63 所示。

步骤 7 在选取的区域悬停，在弹出的工具提示上点选［创建集］（在“双环”标记处），如图 5－64 所示。

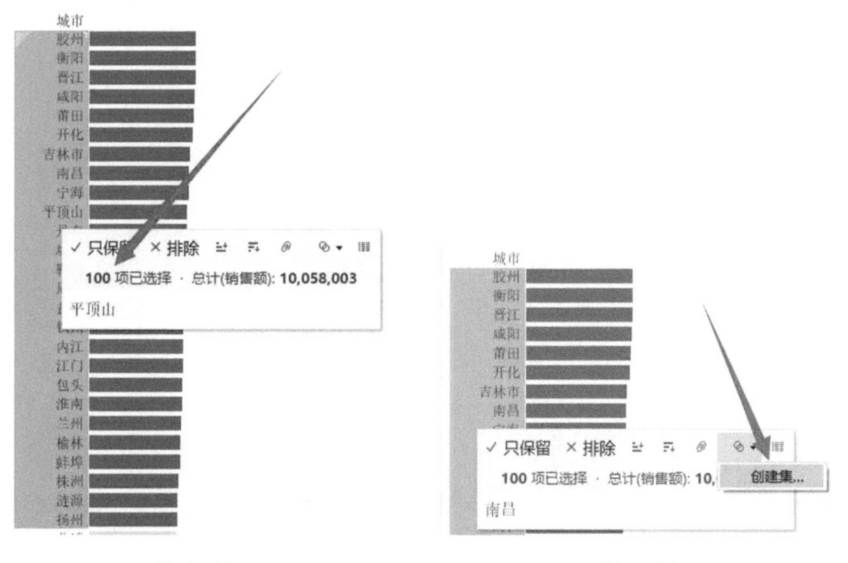

图 5－63　　　　图 5－64

步骤 8 设置集名称为“销售额排名前 100 城市”，并单击确定，如图 5-65 所示。

注 此时固定集“销售额排名前 100 城市”创建完成，接下来创建动态集“利润率排名前 100 城市”。需要创建计算字段“汇总利润率”。

步骤 9 新建工作表，如图 5-66 所示。

图 5-65

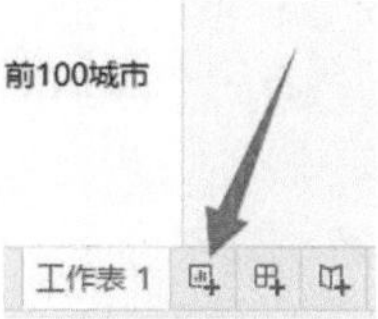

前100城市

工作表 1

图 5-66

步骤 10 创建计算字段——汇总利润率，公式为“sum ([利润])/sum ([销售额])”，如图 5-67、图 5-68 所示。

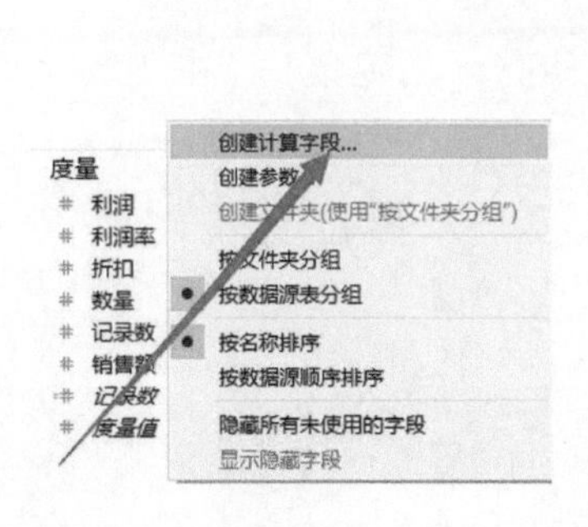

图 5-67

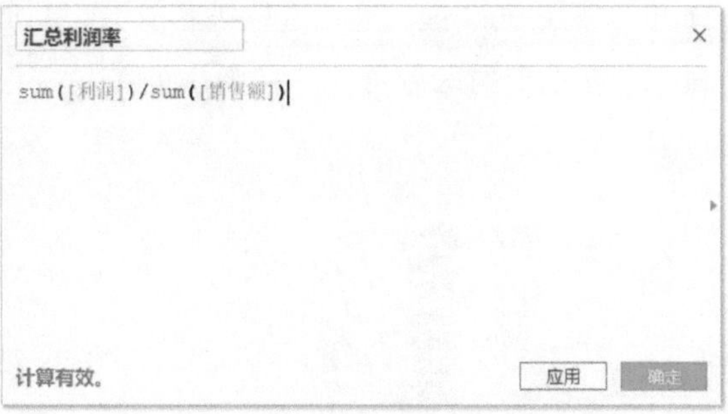

汇总利润率

sum([利润])/sum([销售额])

计算有效。

应用 确定

图 5-68

步骤 11 右键单击维度窗口的 [城市]，依次点选 [创建]—[集]，如图 5-69 所示。

步骤 12 设置集名称为“利润率排名前 100 城市”，依次点选 [使用全部]—[顶部]，如图 5-70 所示。

步骤 13 在弹出的 [创建集] 对话框中依次设置：按字段、顶部、100、汇总利润率，单击确定，如图 5-71 所示。

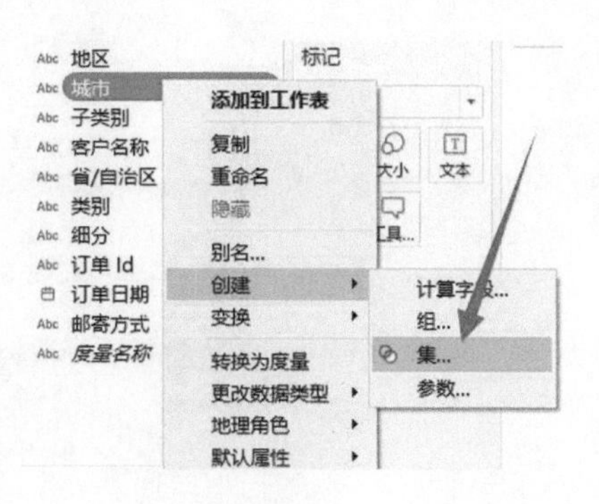

图 5-69

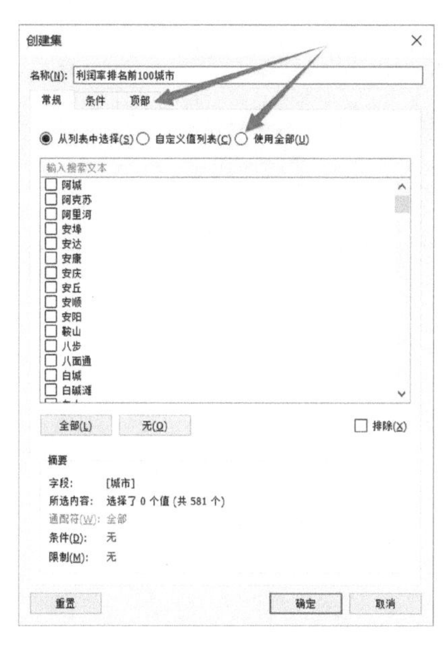

图5-70

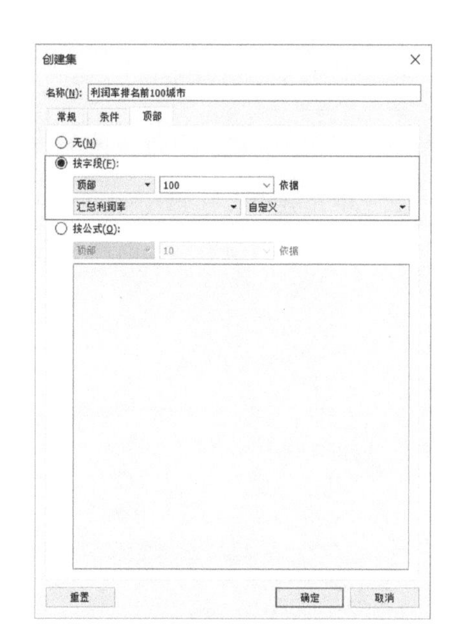

图5-71

注 此时动态集“利润率排名前100城市”创建完成，接下来基于前两个集创建合并集。将同时满足“销售额排名前100”及“利润率排名前100”的城市构建一个集。

步骤 14 按住Ctrl键，分别点选［销售额排名前100城市］及［利润率排名前100城市］，单击右键，点选［创建合并集］，如图5-72所示。

步骤 15 设置集名称为“高销售额及高利润率城市”，勾选［两个集中的共享成员］，然后单击确定，如图5-73所示。

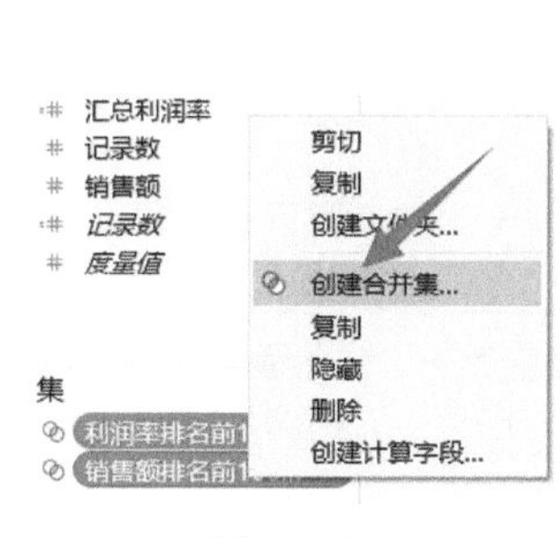

图5-72

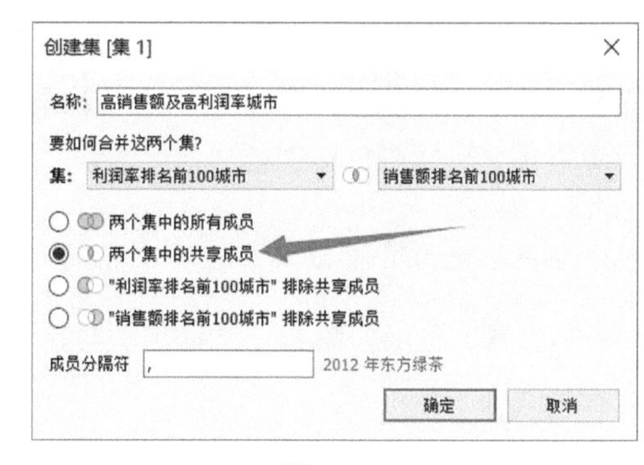

图5-73

注① 点选第一项意味着合并集包含两个集合中的所有成员；点选第二项意味着合并集包含两个集合中的共有成员；点选第三项意味着合并集成员被包含在左侧集中，但不被包含在右侧集中；点选四项意味着合并集成员被包含在右侧集中，但不被包含在左侧集中。

注② 合并集创建完成，接下来查看集中的成员。

步骤 16 清空当前工作表，如图 5－74 所示。

注 也可以新建工作表进行后续操作。

步骤 17 将［城市］拖到行，如图 5－75 所示。

步骤 18 将集［高销售额及高利润率城市］拖到筛选器，如图 5－76 所示。

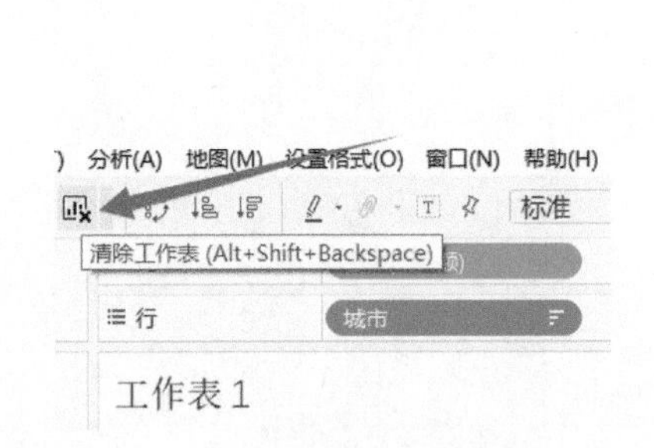

图 5－74

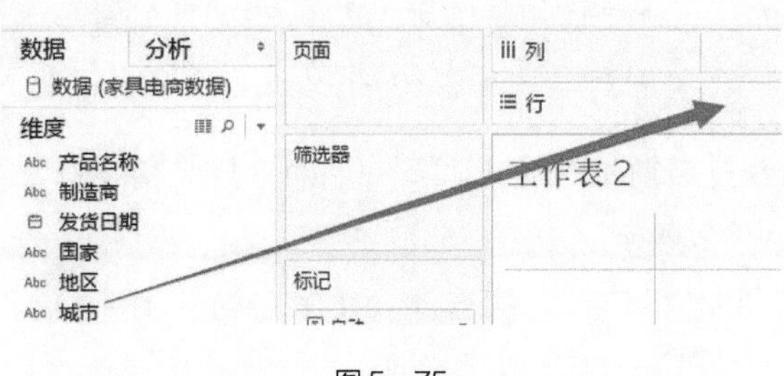

图 5－75

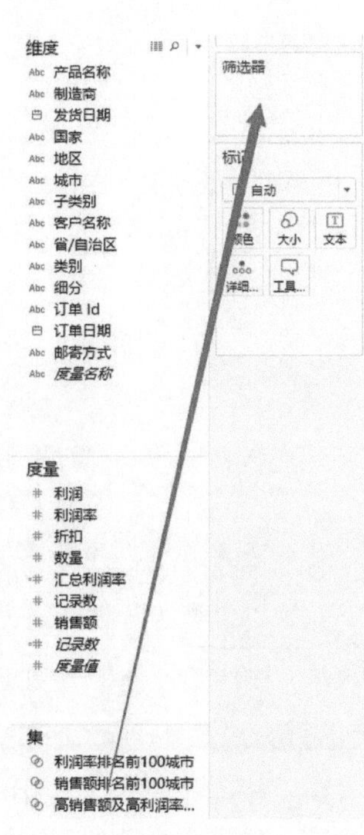

图 5－76

操作结果如图 5－77 所示，集［高销售额及高利润率城市］中的成员即被显示出来，同样的方法可查看前两个集中的成员。

注 接下来展示集的用法。

步骤 19 新建工作表，命名为“销售额对比”，如图 5－78 所示。

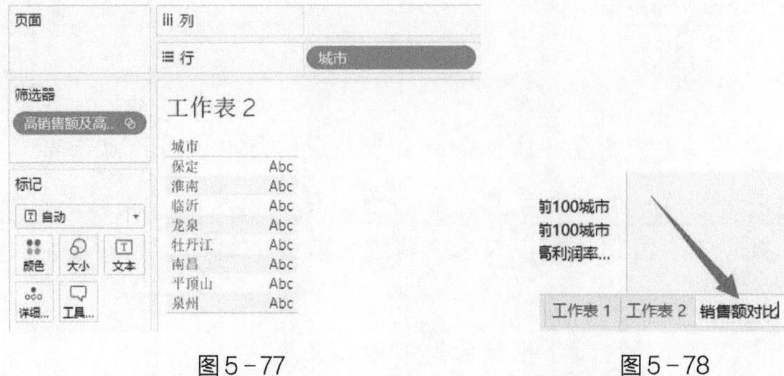

图 5－77　　图 5－78

步骤 20 将［销售额排名前 100 城市］拖到列，如图 5－79 所示。

步骤 21 将［销售额］拖到行，如图 5－80 所示。

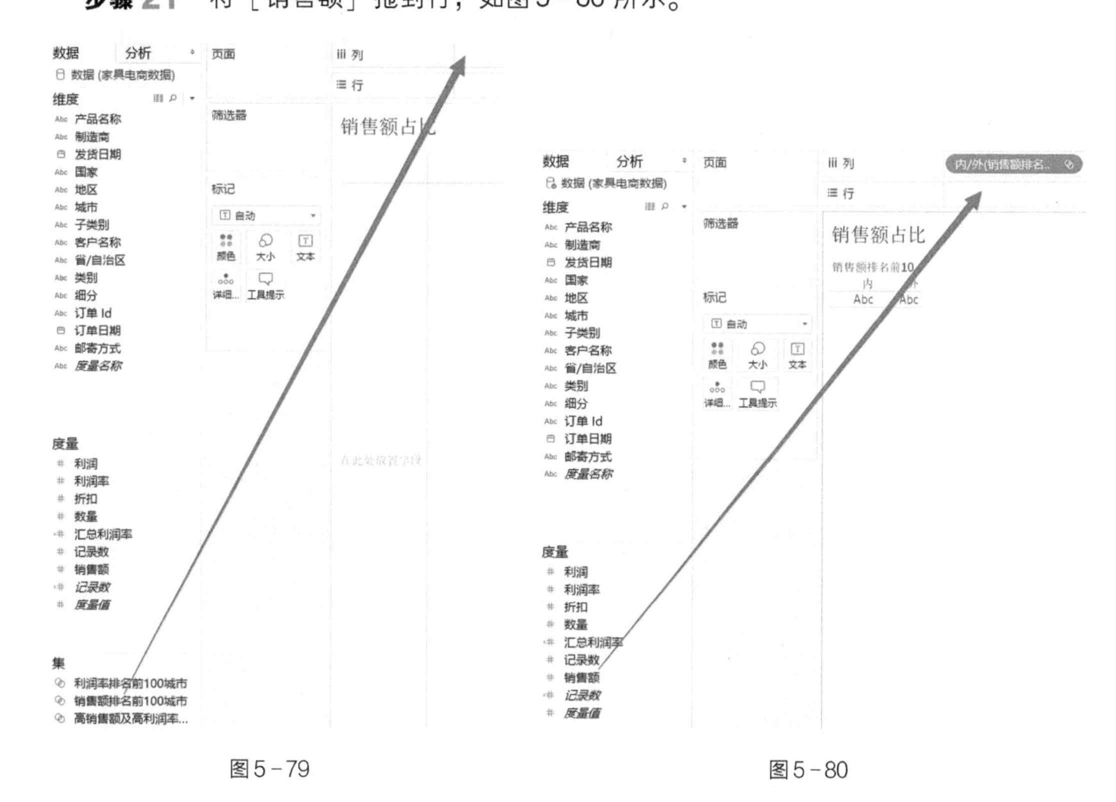

图 5－79　　图 5－80

步骤 22 单击标记卡［标签］，勾选［显示标记标签］，如图 5－81 所示。

步骤 23 分别右键单击两个标签值，将［标记标签］设置为［始终显示］，如图 5－82 所示。

步骤 24 单击标记卡［标签］，勾选［显示标记标签］，在［对齐］的下拉框中设置标签的文字方向为“A”，如图 5－83 所示。

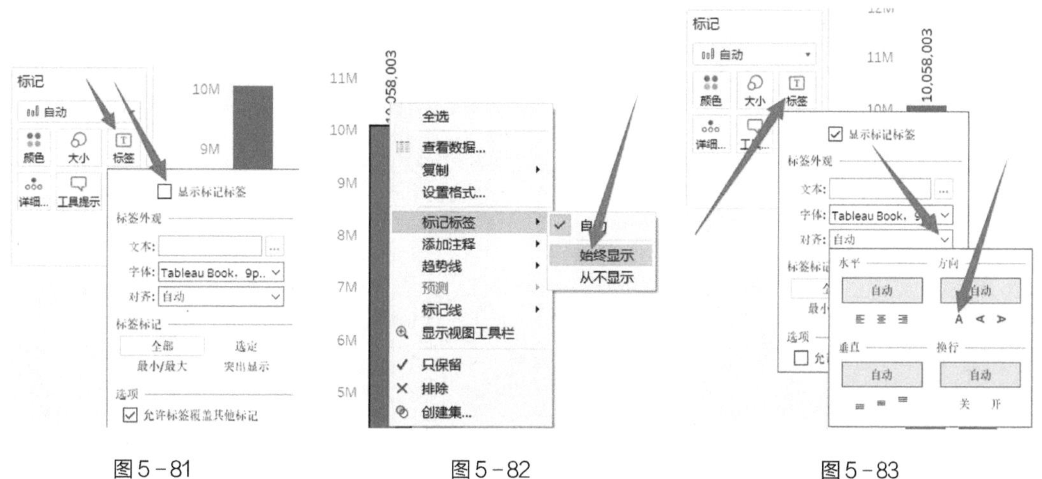

图 5－81　　图 5－82　　图 5－83

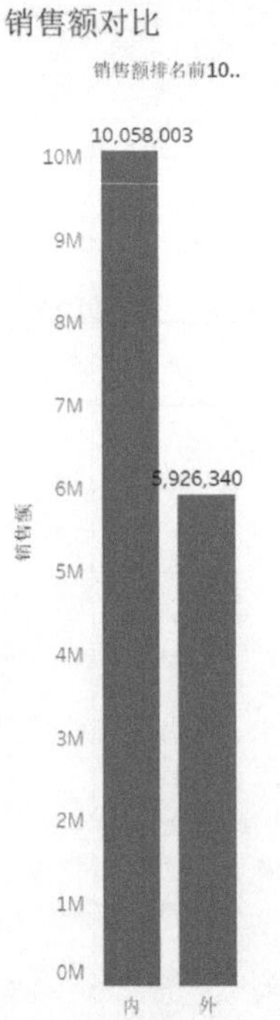

操作结果如图5－84所示，此时“内”所代表的柱体对应销售额排名前100的城市的汇总销售额，“外”所代表的柱体对应销售额排名在100以后的城市的汇总销售额。可见前100城市的汇总销售额超过了100名以后城市的汇总销售额。

图5－84

注 接下来展示集的另一种使用方法。

步骤25 新建工作表，命名为“客户分布情况”，如图5－85所示。

步骤26 将［细分］拖到行，如图5－86所示。

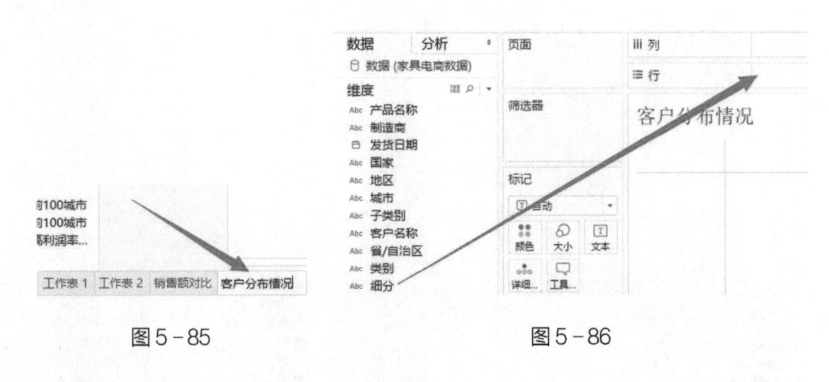

图5－85 图5－86

步骤27 将［销售额］拖到列，如图5－87所示。

步骤28 在［智能显示］中点选“饼图”，如图5－88所示。

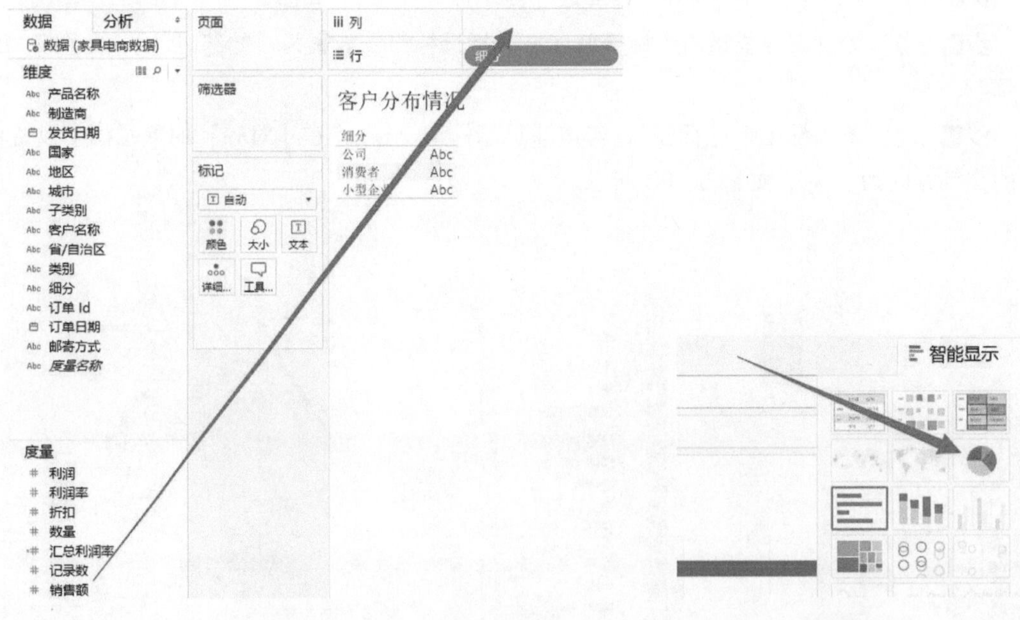

图5－87 图5－88

步骤 29 为了便于观察，将视图尺寸设置为“整个视图”，如图 5－89 所示。

步骤 30 对饼图的“角度”进行设置［快速表计算］—［总额百分比］，如图 5－90 所示。

步骤 31 单击标记卡［标签］，勾选［显示标记标签］，如图 5－91 所示。

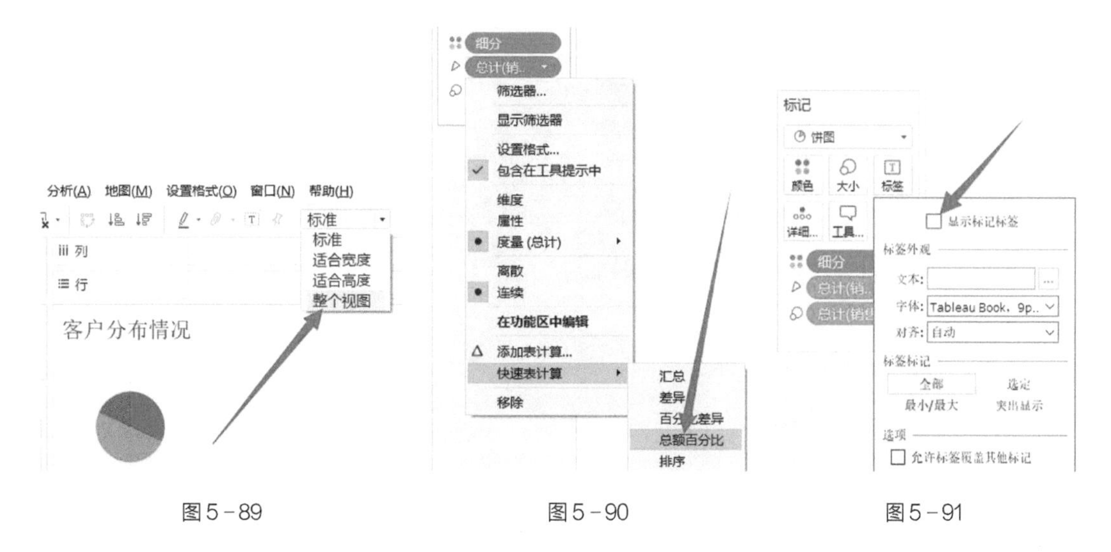

图 5－89　　图 5－90　　图 5－91

操作结果如图 5－92 所示，此时显示不同客户类型的订单销售额在整体数据中的占比。

步骤 32 将［利润率排名前 100 城市］拖到筛选器，如图 5－93 所示。

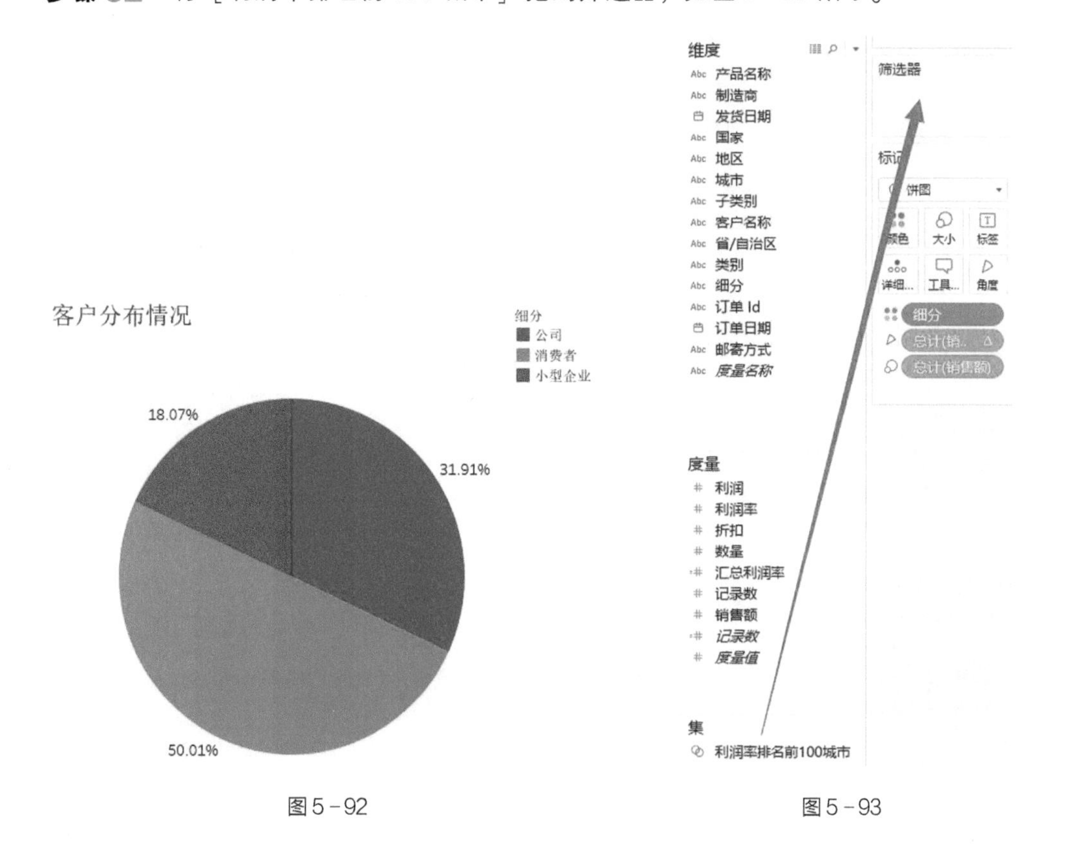

图 5－92　　图 5－93

操作结果如图5-94所示，此时显示不同类别客户订单的销售金额在利润率排名前100城市中的占比情况。可见，在利润率排名前100城市中，小型企业的销售额占比(25.49%)显著高于整体水平(18.07%)。

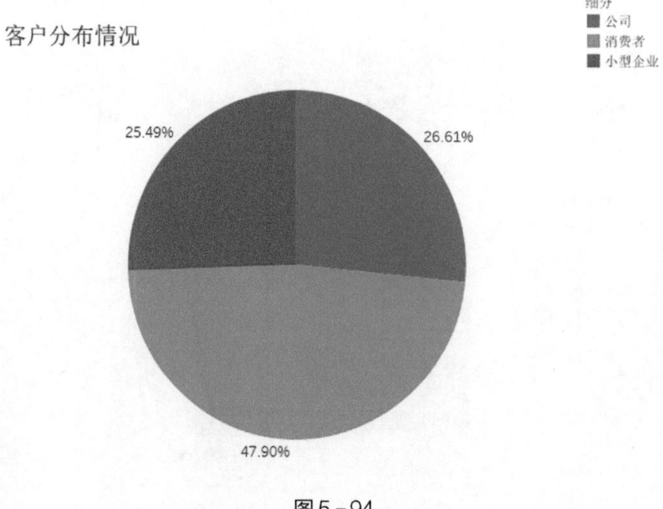

图5-94

操作完成■

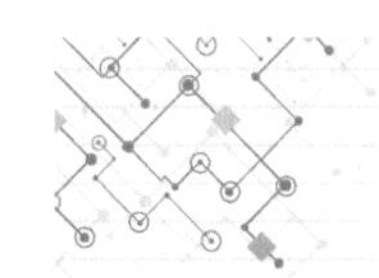

任务六　参数的创建与使用

任务目标 基于销售人员的业绩计算销售提成。

相关知识 在企业中，销售人员的薪酬往往由固定部分与变动部分构成，其中变动部分往往包含销售提成（销售提成＝销售业绩×提成比例）。

任务分析 原始数据为某公司近一个月的销售业绩表。设置参数作为提成比例，并以此计算该月所有销售人员的销售提成。

任务数据 见“销售业绩表”。

步骤 1 导入数据，如图 5－95 所示。

步骤 2 进入工作表，如图 5－96 所示。

步骤 3 修改表名为“销售提成”，如图 5－97 所示。

步骤 4 右键单击维度区或度量区任意空白处，点选［创建参数］，如图 5－98 所示。

排序字段 数据源顺序

Sheet1 业务员	Sheet1 销售业绩
kvB	38,820
quz	71,028
CUc	55,422
EJS	17,238
FYW	75,467
OJA	40,811
HWQ	96,045
DSc	30,101
gXI	61,967
KtN	24,648
lmi	14,635

图 5－95

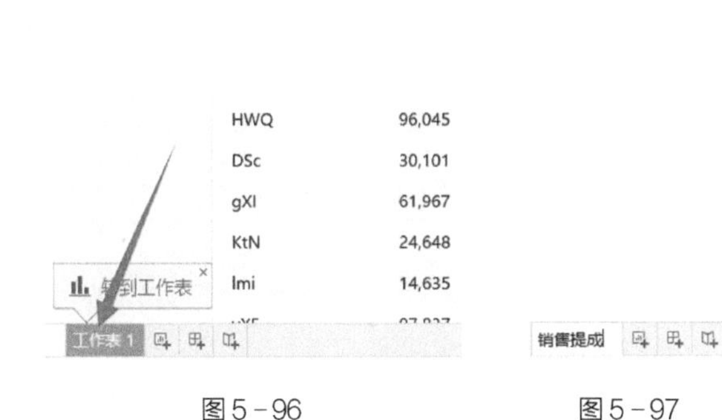

图 5－96　　图 5－97

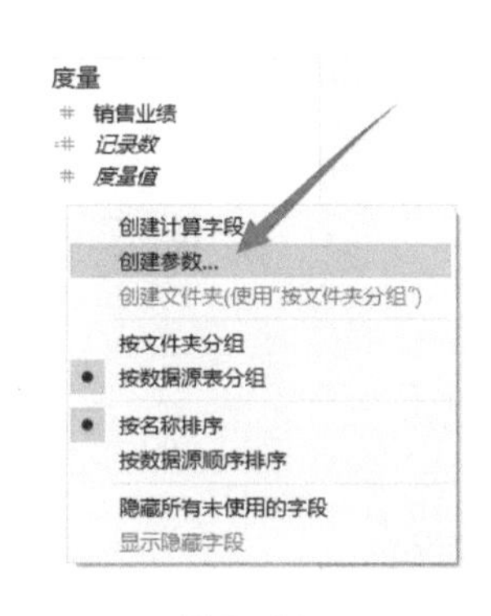

图 5－98

步骤 5 设置参数名称为“提成比例”，参数当前值为0.1，然后单击确定即完成参数的创建，如图 5－99 所示。

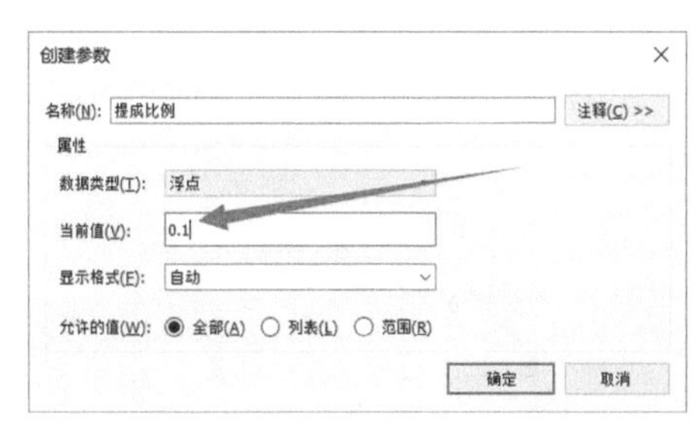

图 5－99

注❶ 当前值即为默认值。

注❷ 也可以通过这种方式修改参数值。

步骤 6 创建计算字段——提成，公式为“［销售业绩］*［提成比例］”，如图 5-100、图 5-101 所示。

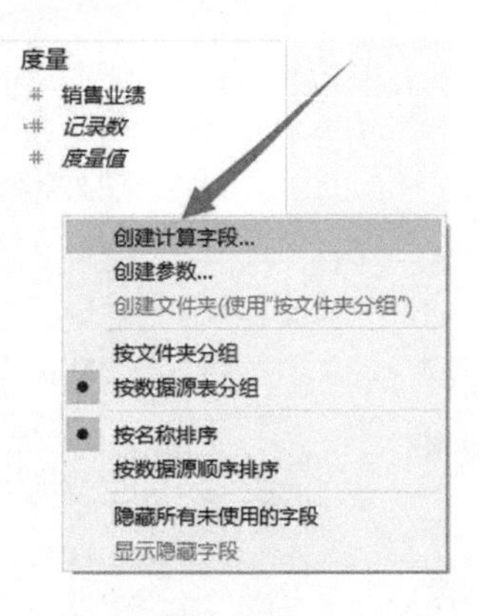

图 5-100

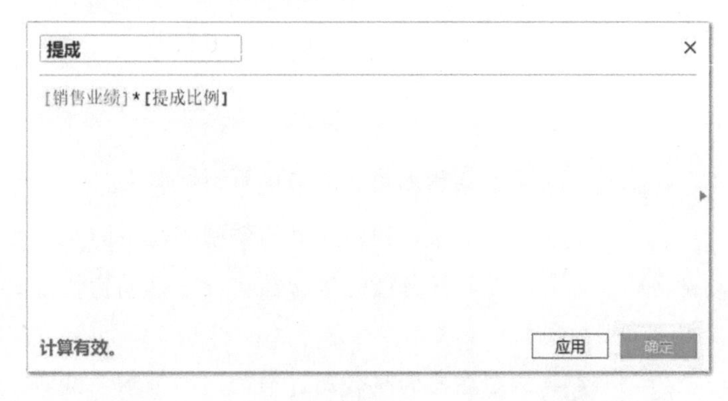

图 5-101

操作结果如图 5-102 所示，此时在度量区可见新生成的字段——［提成］。

图 5-102

操作完成■

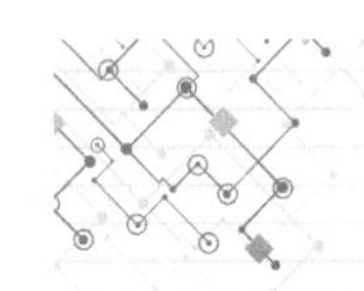

任务七　表计算的创建与使用

任务目标 基于月度累计金额计算月度金额。

相关知识 原始数据提供的“月度数据”为截至当月末的累计指标数据，当月的指标值＝截至当月末的累计指标值－截至上月末的累计指标值。从直观上看，这种计算表现为数据表的“行”或“列”之间的运算。可利用表计算实现。

任务分析 原始数据为2019年2月~7月的房地产开发投资累计金额。通过表计算获得3月~7月单月的投资金额。

任务数据 见“分省房地产开发投资”。

步骤1 导入数据，如图5－103所示。

步骤2 进入工作表，如图5－104所示。

排序字段　数据源顺序

地区	月份	房地产开发投资
北京市	7月	2,031.95
北京市	6月	1,664.33
北京市	5月	1,212.43
北京市	4月	880.84
北京市	3月	658.70
北京市	2月	339.41
天津市	7月	1,772.75
天津市	6月	1,549.36
天津市	5月	1,198.52
天津市	4月	866.09
天津市	3月	587.09

图5－103

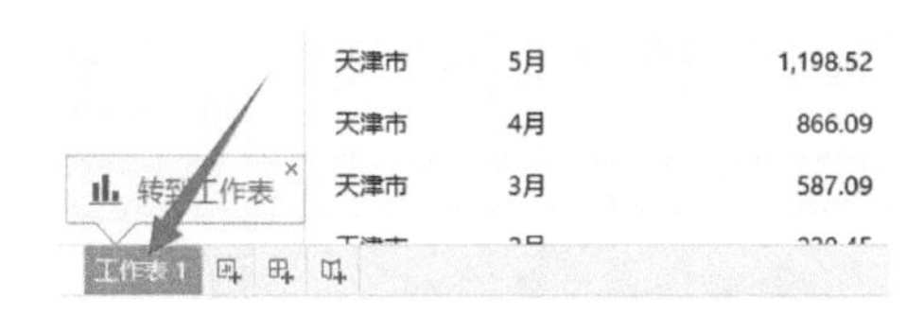

图5－104

步骤3 将［地区］拖到行，如图5－105所示。

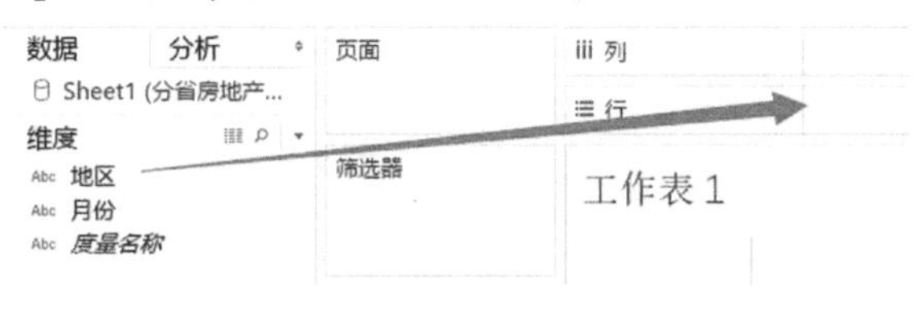

图5－105

步骤 4 将［月份］拖到列，如图 5－106 所示。

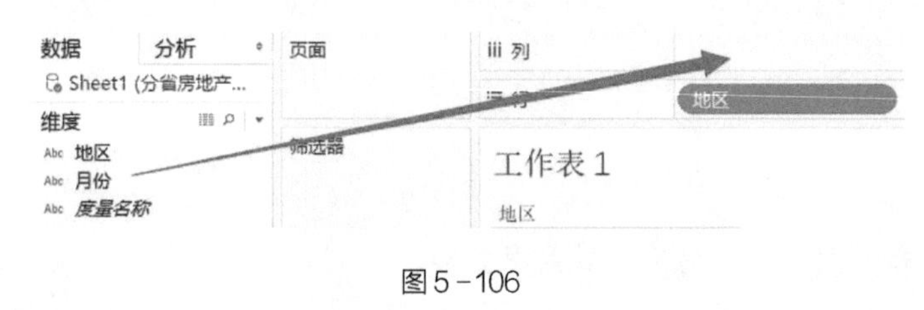

图 5－106

步骤 5 将［房地产开发投资］拖到标记卡［文本］，如图 5－107 所示。

注 此时得到各省各月份（2 月 ~7 月）的累计房地产开发投资值。接下来将通过设置表计算获得各月份（3 月 ~7 月）的当月值。

步骤 6 右键单击［总计（房地产开发投资值）］，依次点选［快速表计算］—［差异］，如图 5－108 所示。

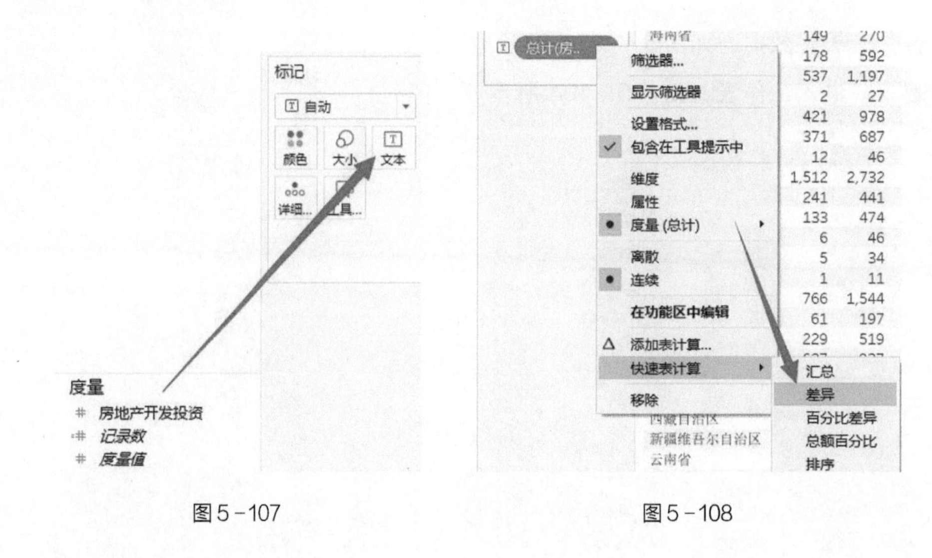

图 5－107　　　　　　图 5－108

注 该表计算的功能为 $N+1$ 月的累计值 $-N$ 月的累计值，表现为后一列减前一列。即由累计值相减得到单月值。

操作结果如图 5－109 所示。

步骤 7 如果需要取消表计算，右键单击［总计（房地产开发投资值）］，点选［清除表计算］即可，如图 5－110 所示。

注 表计算除了可以计算“差异”（减法）外，还可以进行求和（汇总）、百分比差异（求两个项目的差值/其中一个项目值）、总额百分比（求各个项目占行总和或列总和的比值）、排序（求各个项目值在所在行或列中的序数值）、百分位（求各个项目值在所在行或列的分位数值）、移动平均（求基于行或列的移动平均值）等。

工作表 1

地区	月份 2月	3月	4月	5月	6月	7月
安徽省		610	630	695	747	636
北京市		319	222	332	452	368
福建省		658	490	463	567	464
甘肃省		72	79	120	175	125
广东省		1,218	1,144	1,355	1,978	1,207
广西壮族自治区		373	301	314	466	219
贵州省		287	215	236	390	251
海南省		122	88	95	112	94
河北省		414	362	416	735	441
河南省		660	621	698	745	610
黑龙江省		25	55	102	155	103
湖北省		557	454	425	743	369
湖南省		316	346	356	479	353
吉林省		34	73	200	158	156
江苏省		1,220	1,071	1,124	1,163	1,059
江西省		200	183	192	209	223
辽宁省		341	240	279	494	282
内蒙古自治区		41	64	100	151	159
宁夏回族自治区		29	35	38	50	48
青海省		11	29	37	82	52
山东省		777	722	804	1,003	782
山西省		136	127	171	258	163
陕西省		290	261	350	552	303
上海市		310	293	307	347	347
四川省		572	532	552	708	515
天津市		367	279	332	351	223
西藏自治区		4	7	15	11	17
新疆维吾尔自治区		19	47	76	99	147
云南省		403	253	320	416	314
浙江省		929	831	956	1,246	876
重庆市		401	358	398	494	326

图 5－109

图 5－110

操作完成■

任务八　详细级别表达式的创建与使用

任务目标 基于销售记录计算所有订单的销售额。

相关知识 数据分析所依据的原始数据往往只提供最详细级别的“明细”记录，而在实务中，经常需要基于不同的详细级别计算分析对象的指标值。例如：基于单笔订单级别、基于客户级别、基于地区级别等。通过详细级别表达式的设计，分析者可以基于不同详细级别计算指标值，从多维度、多视角认识分析对象的状况，以获得全面的认知与见解。

任务分析 原始数据为某超市的销售纪录。一条记录对应一种商品，一个订单可能包含多种商品，即订单与记录是“一对多”的关系。通过详细级别表达式计算所有订单的汇总金额。

任务数据 见“超市订单数据”。

步骤 1 导入数据，如图 5－111 所示。

步骤 2 进入工作表，如图 5－112 所示。

排序字段 数据源顺序

Abc Sheet1 收银员	# Sheet1 单据号	# Sheet1 销售时间
A	20,000,001	20,141,000,000,0...
A	20,000,002	20,141,000,000,0...
A	20,000,003	20,141,000,000,0...
A	20,000,004	20,141,000,000,0...
A	20,000,005	20,141,000,000,0...
A	20,000,006	20,141,000,000,0...
A	20,000,006	20,141,000,000,0...
A	20,000,007	20,141,000,000,0...
A	20,000,007	20,141,000,000,0...
A	20,000,007	20,141,000,000,0...
A	20,000,007	20,141,000,000,0...

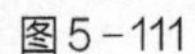

图 5－111

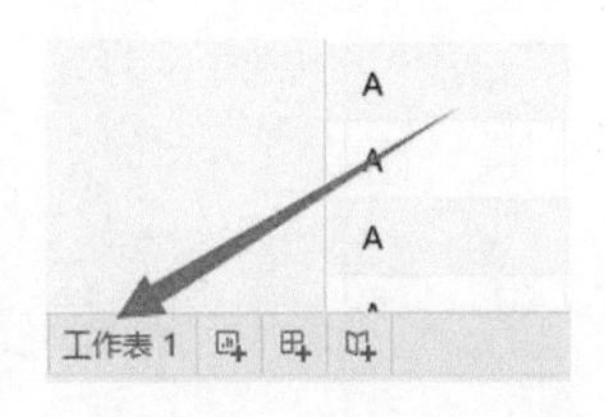

图 5－112

步骤 3 创建计算字段——订单金额，公式为“{FIXED［单据号］：sum(［销售金额］)}”，如图 5－113、图 5－114 所示。

图 5-113　　　　图 5-114

步骤 4　将［单据号］的数据类型更改为“字符串”，如图 5-115 所示。

步骤 5　将［单据号］从度量区拖到维度区，如图 5-116 所示。

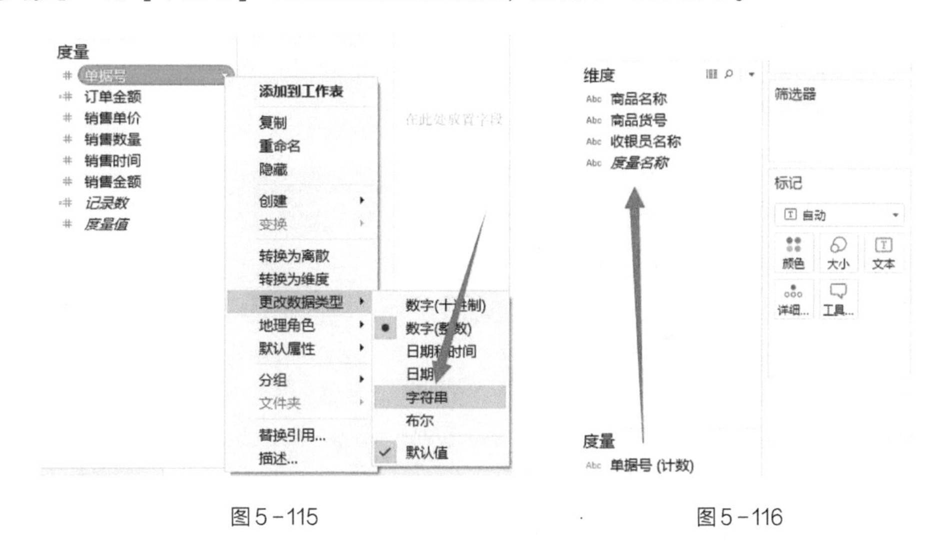

图 5-115　　　　图 5-116

注　单据号作为区分不同单据（订单）的标识，应调整为“维度”而不是“度量”。

步骤 6　将［单据号］拖到行，如图 5-117 所示。

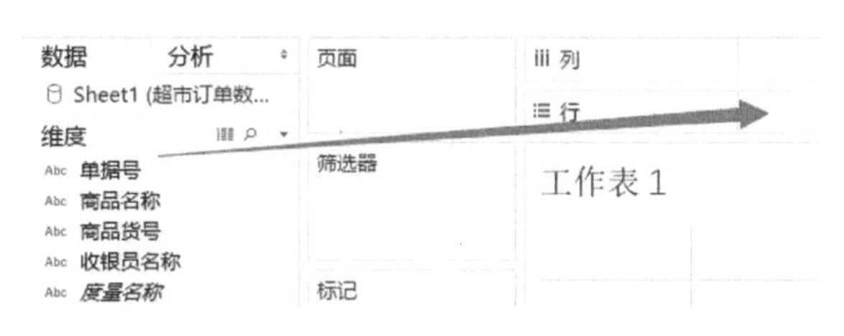

图 5-117

步骤 7 将［订单金额］拖到列，如图 5－118 所示。

步骤 8 对视图做降序排序，如图 5－119 所示。

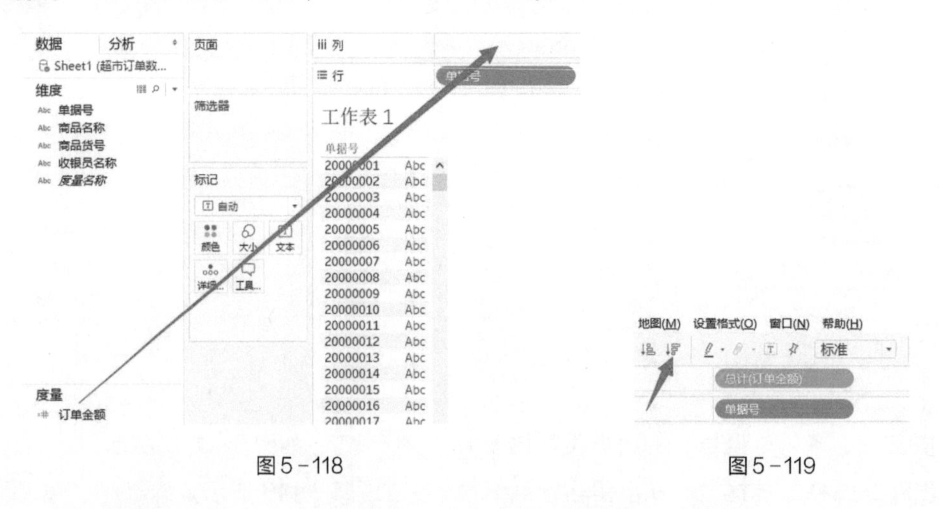

图 5－118　　　　图 5－119

操作结果如图 5－120 所示，此时可见各订单的汇总金额分布情况。

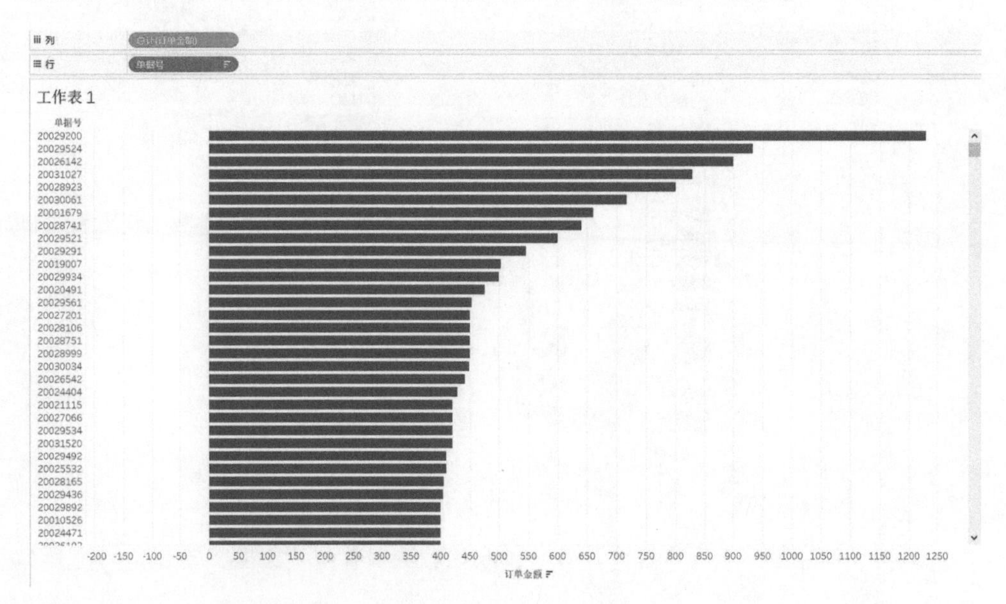

图 5－120

注　由于订单量太大，只截取了部分订单的汇总金额。

操作完成■

习　题

请总结本章各项高级数据操作的作用。

项 目 六
高级可视化分析

任务一 帕累托图的创建与分析
任务二 盒须图的创建与分析
任务三 瀑布图的创建与分析

本项目将基于前面所学的知识让大家认识更为高阶的可视化分析图表，创建更为高级的视图，包括帕累托图、盒须图、瀑布图。

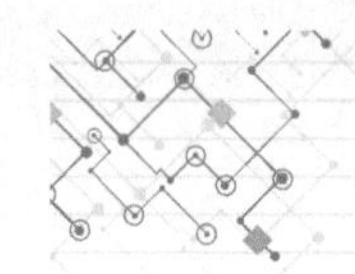

任务一　帕累托图的创建与分析

帕累托图

任务目标 制作企业采购金额帕累托图。

相关知识 帕累托（Pareto）图与帕累托法则密切相关。帕累托法则是在19 世纪末、20 世纪初由意大利经济学家、社会学家维尔弗雷多·帕累托（Vilfredo Pareto）发现的。他认为：在任何一组对象中，最重要的只占其中一小部分，约20%，其余 80% 尽管是多数，却是次要的，因此又称二八定律。在市场、营销、管理等领域，帕累托法则所反映的现象广泛存在。帕累托图是“揭示”帕累托法则的有力工具，以“数量占比”为横轴，“重要性占比”为纵轴，直观地显示出两个“占比”的数量关系。

任务分析 原始数据为某网店过去一年的客户消费金额数据。为了显示该网店客户消费金额的集中度，制作帕累托图。以反映累计金额的直方图与反映累计金额占比的线型图为基础，通过控件及参考线使图形显示出与累计消费金额占比对应的客户数量占比。

任务数据 见“网店销售数据”。

步骤 1　导入数据，如图 6－1 所示。

步骤 2　进入工作表，如图 6－2 所示。

步骤 3　修改表名为“帕累托图”，如图 6－3 所示。

步骤 4　创建计算字段——消费金额百分比，公式为“RUNNING_SUM(sum([累计消费金额]))/TOTAL(sum([累计消费金额]))，如图 6－4、图 6－5 所示。

排序字段　数据源顺序

Abc Sheet2 姓名	# Sheet2 累计消费金额
Upa	19,824.50
Om	21,693.10
Trz	29,039.40
Ff	57,444.10
cCO	24,217.90
Bql	18,461.70
li	4,920.70
fW	21,652.80
hi	30,218.30
pl	7,462.20
ol	12,728.10

图 6－1

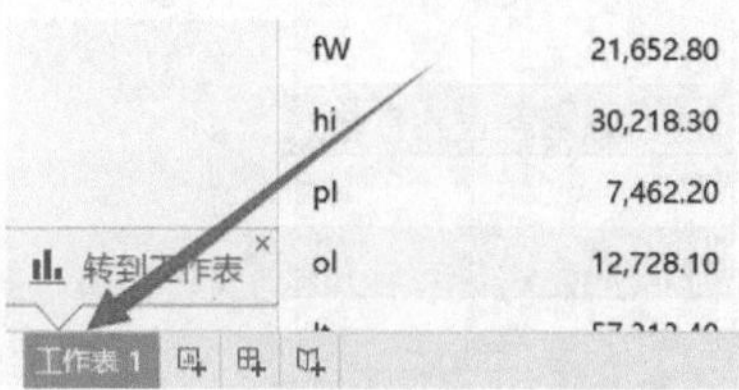

图 6－2

图 6－3

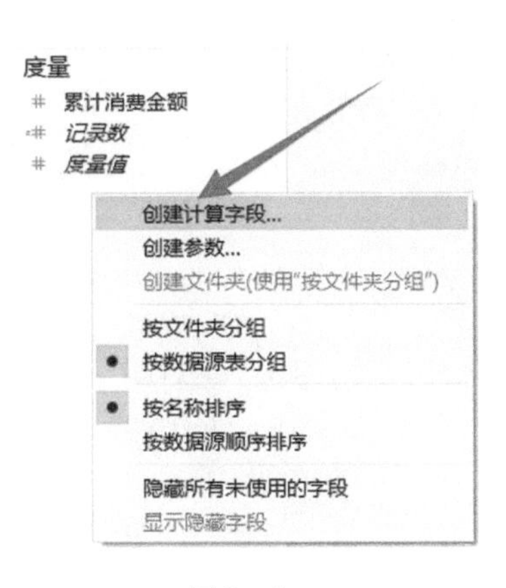

图6-4

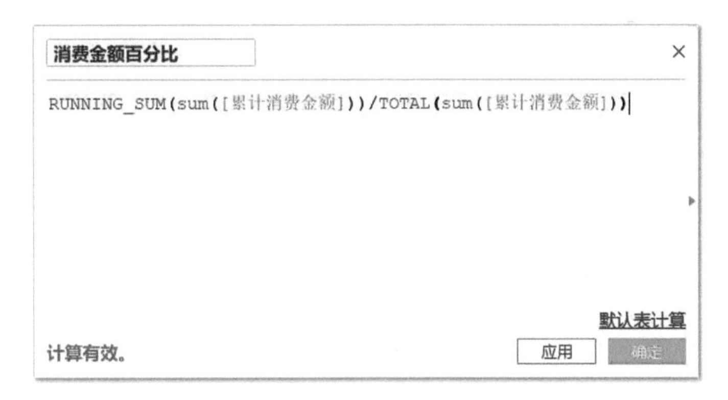

图6-5

步骤5　将［姓名］拖到列，如图6-6所示。

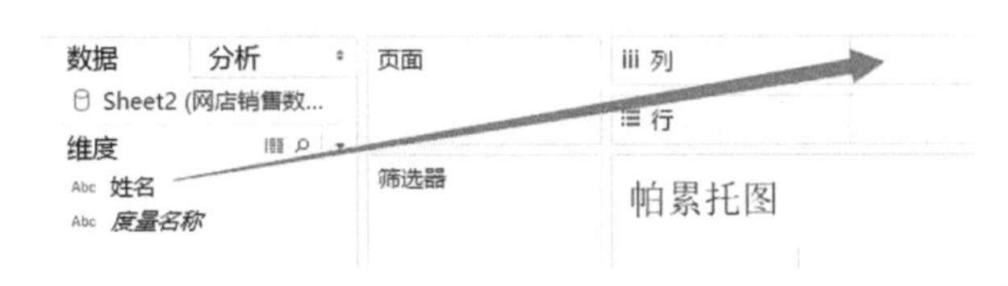

图6-6

步骤6　将［消费金额百分比］拖到行，如图6-7所示。

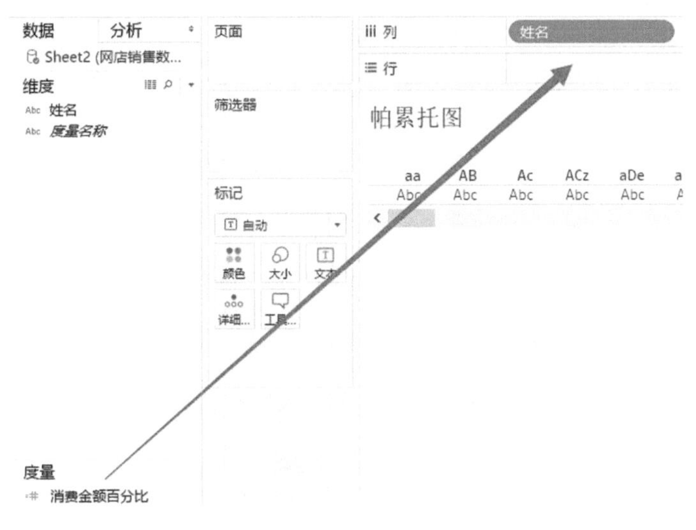

图6-7

步骤7　设置计算依据，将［消费金额百分比］的计算依据设置为“姓名”，如图6-8所示。

步骤8　设置视图尺寸为“适合宽度”，如图6-9所示。

步骤9　设置“排序”，如图6-10所示。

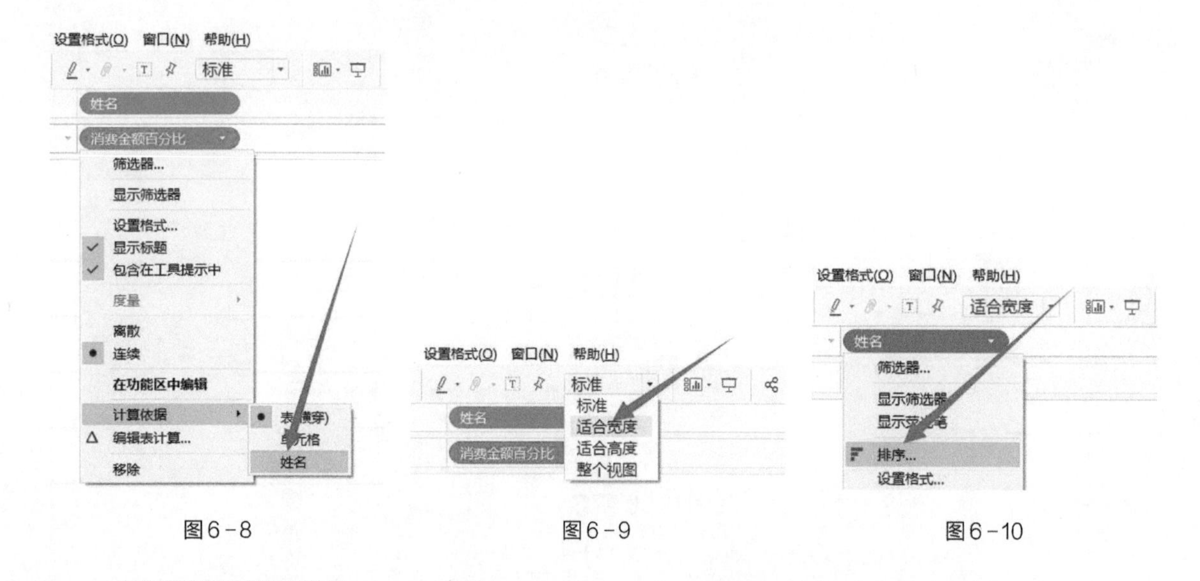

图6-8　　图6-9　　图6-10

注　如果已有其他排序，须将原排序清除（单击［排序］下的［清除排序］即可）。

步骤 10　设置排序条件，如图6-11所示。

步骤 11　设置标记类型为“线”，如图6-12所示。

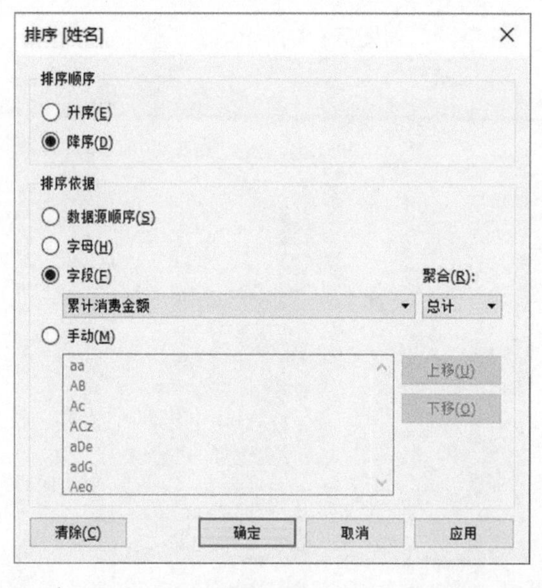

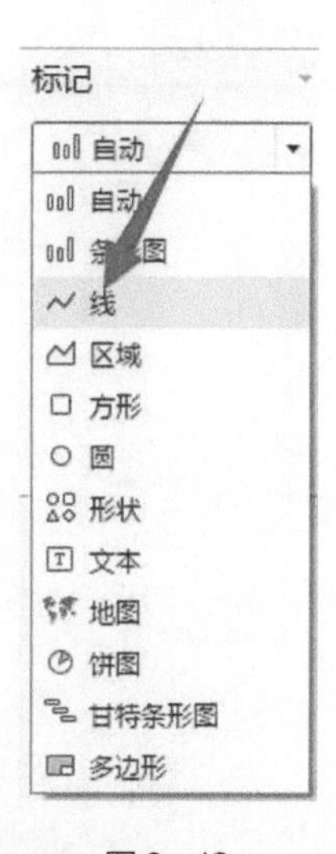

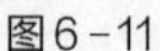
图6-11　　图6-12

步骤 12　将［累计消费金额］拖到行，如图6-13所示。

步骤 13　调整［总计(累计消费金额)］的标记类型为“条形图”，如图6-14所示。

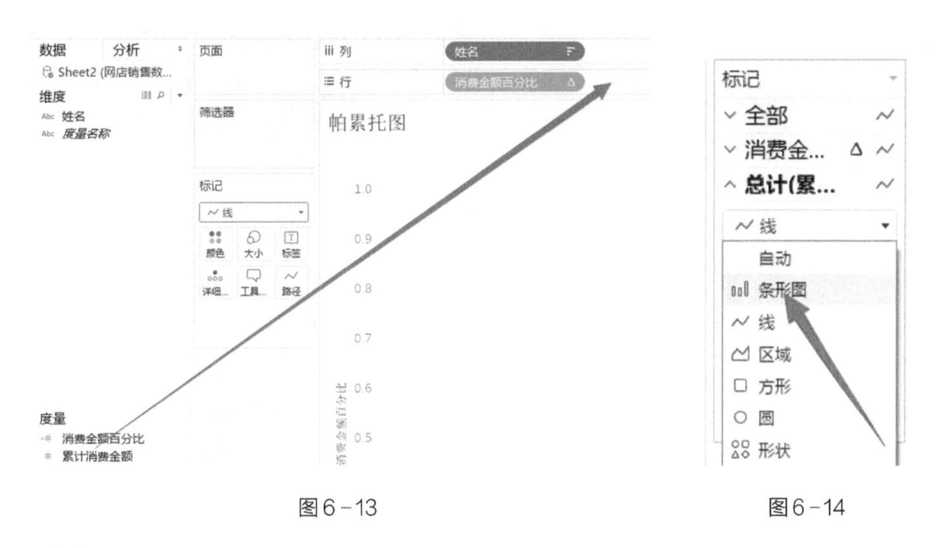

图6-13　　图6-14

步骤 14　设置“双轴”图，如图6-15所示。

步骤 15　调整图形显示顺序，将［消费金额百分比］拖至［总计（累计消费金额)］右侧，如图6-16所示。

步骤 16　为了更好地表示分布，我们将横轴转换为客户总数量的百分比。创建计算字段——%客户，公式为“index()/size()”，如图6-17、图6-18所示。

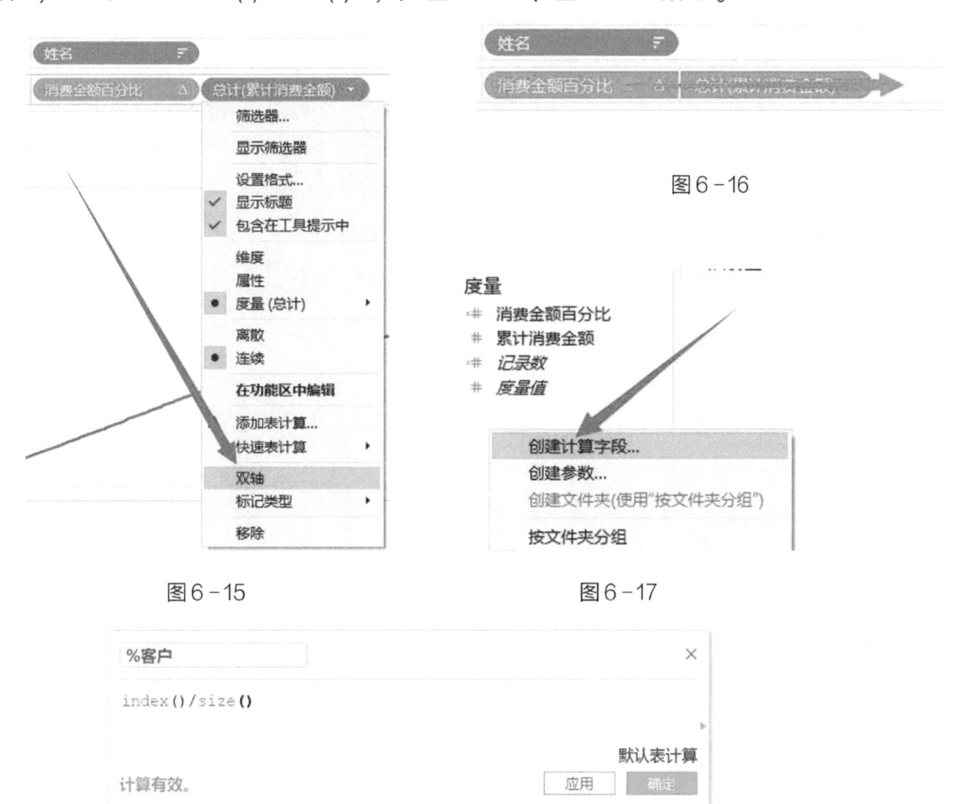

图6-15　　图6-16　　图6-17

图6-18

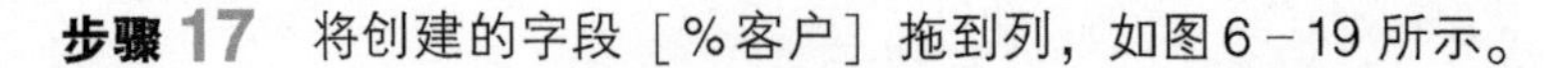

步骤 17 将创建的字段［%客户］拖到列，如图6－19所示。

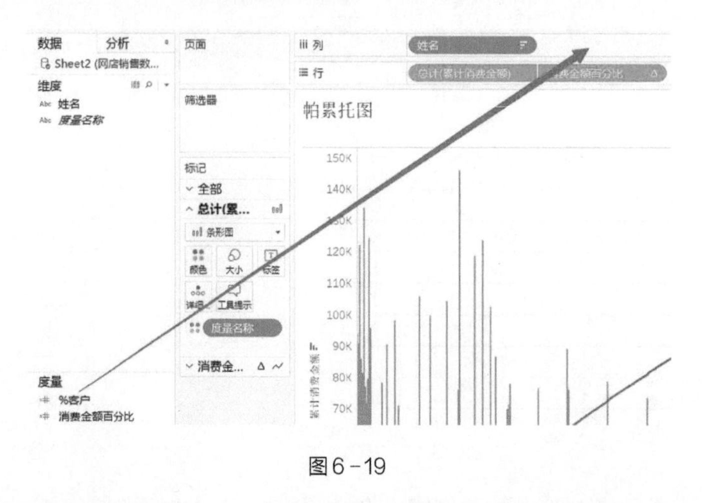

图6－19

步骤 18 设置计算依据，将［%客户］的计算依据设置为"姓名"，如图6－20所示。

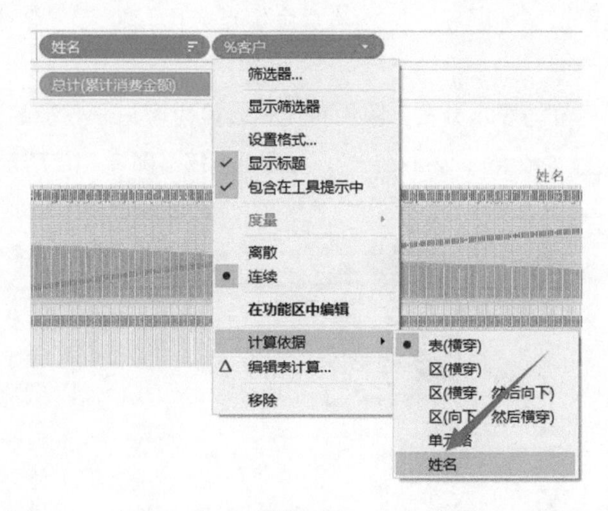

图6－20

步骤 19 调整列字段，将［姓名］拖到标记卡［全部］页签内的［详细信息］，如图6－21所示。

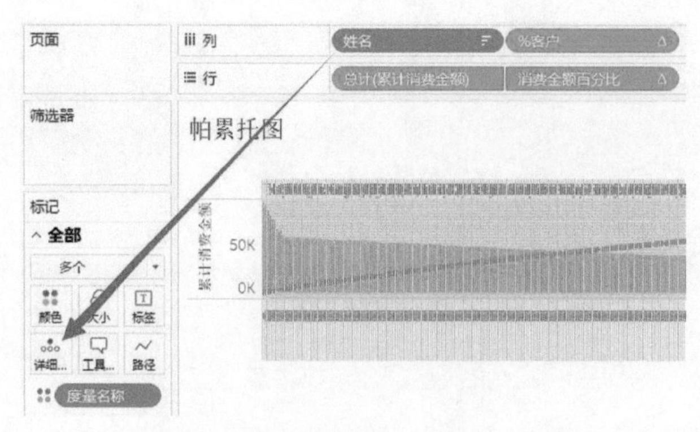

图6－21

步骤 20 设置右轴（消费金额百分比）的数字格式，设置［轴］中数字格式为“百分比”，小数位数为0（因为轴刻度习惯上不需要小数），如图6－22、图6－23 所示。

步骤 21 数字格式设置完成后，关闭当前的设置界面，如图6－24 所示。

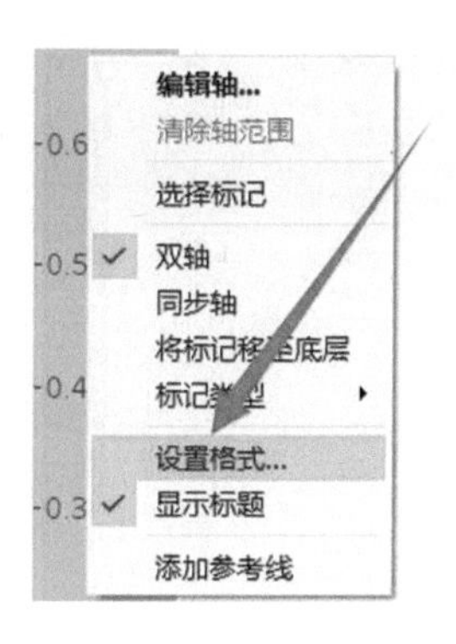

图6－22

注 接下来对横轴格式及范围进行调整。

步骤 22 设置横轴（%客户）的数字格式，设置［轴］中数字格式为“百分比”，小数位数为0，如图6－25、图6－26 所示。

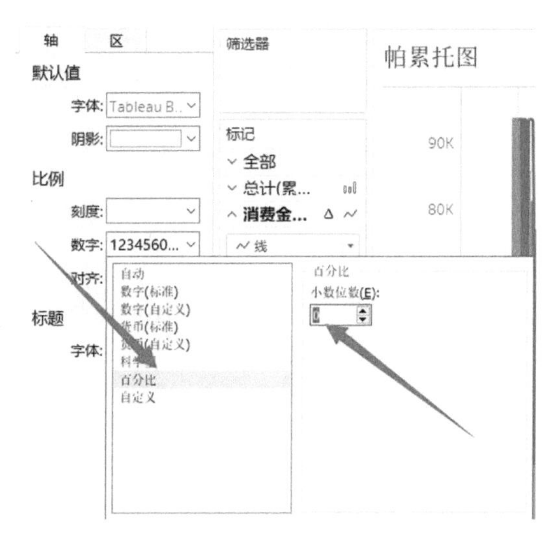

图6－23

图6－24

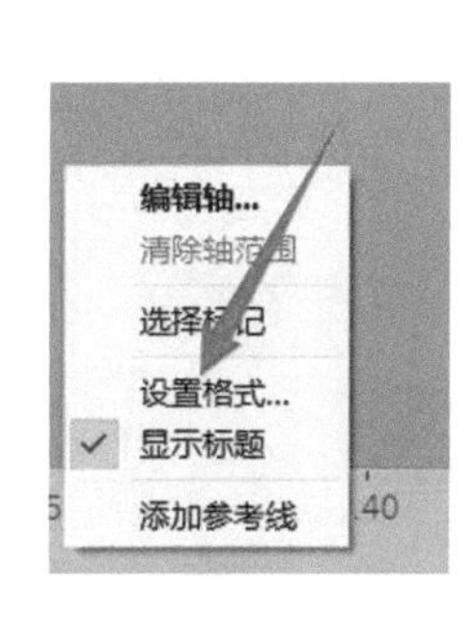

图6－25

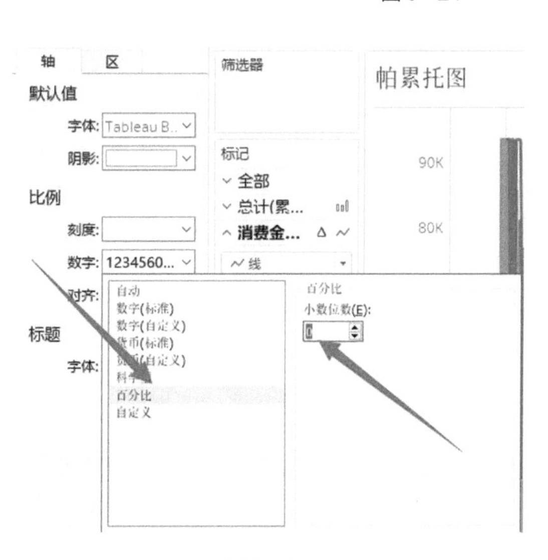

图6－26

步骤 23 数字格式设置完成后，关闭当前的设置界面，如图 6-27 所示。

步骤 24 右键单击横轴区域任意位置，对横轴的范围进行编辑，如图 6-28 所示。

图6-27

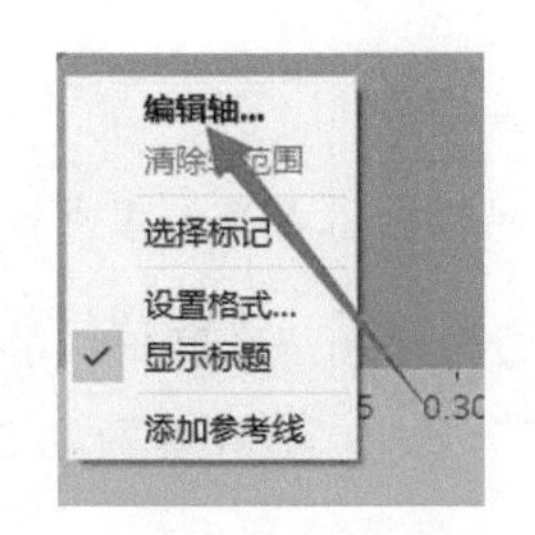

图6-28

步骤 25 在编辑框中，点选［固定］，并将［固定开始］及［固定结束］分别设置为 0、1（因为百分比的范围为 0～1），如图 6-29 所示。

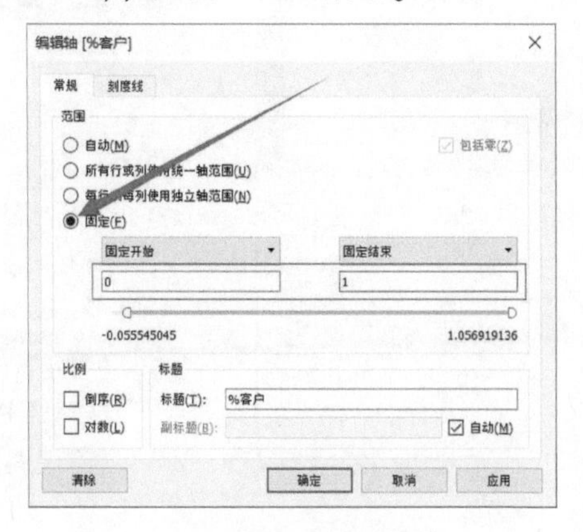

图6-29

操作结果如图 6-30 所示，此时帕累托图的主体图形已经完成，接下来的工作是参考线及控件的制作。

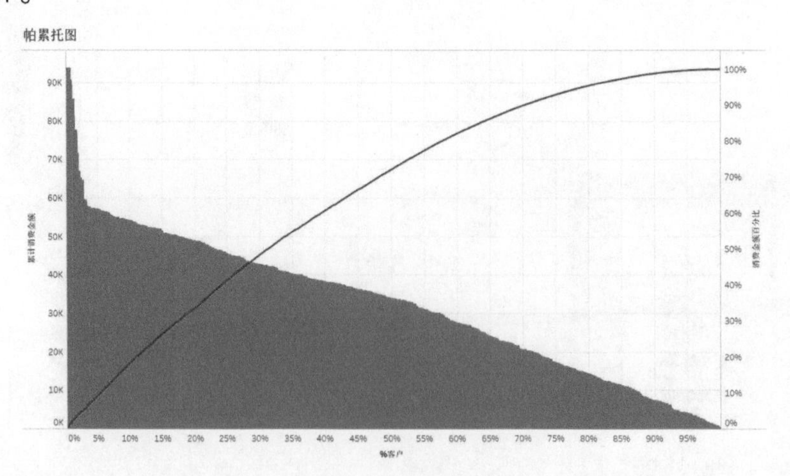

图6-30

步骤 26 创建参数——总额百分比，并设置属性及值范围，如图6-31、图6-32所示。

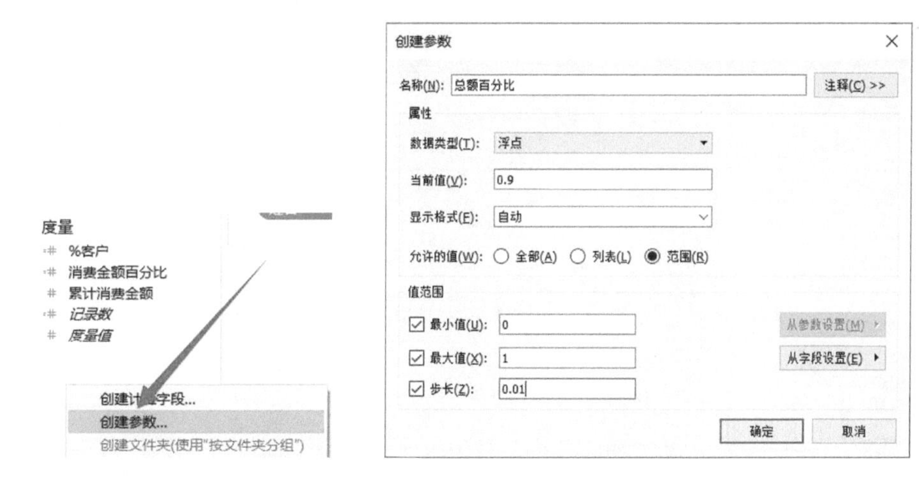

图6-31　　图6-32

注 [允许的值] 选择"值范围"意味着设置参数的变化范围在"最小值"与"最大值"之间。"步长"为参数变化的最小单位。

步骤 27 为了让消费金额百分比线形图的横轴参考线和纵轴参考线的交点落在消费金额百分比线上，需要创建一个新的字段作为横轴参考线的值的依据。创建计算字段——横轴参考线%，公式如下：

```
IF [消费金额百分比] < =[总额百分比] THEN [%客户]
ELSE NULL
END
```

如图6-33、图6-34所示。

图6-33　　图6-34

步骤 28 为右轴（消费金额百分比）添加参考线，如图6-35、图6-36所示。

步骤 29 将［横轴参考线%］拖到标记卡［全部］页签内的［详细信息］，如图6-37所示。

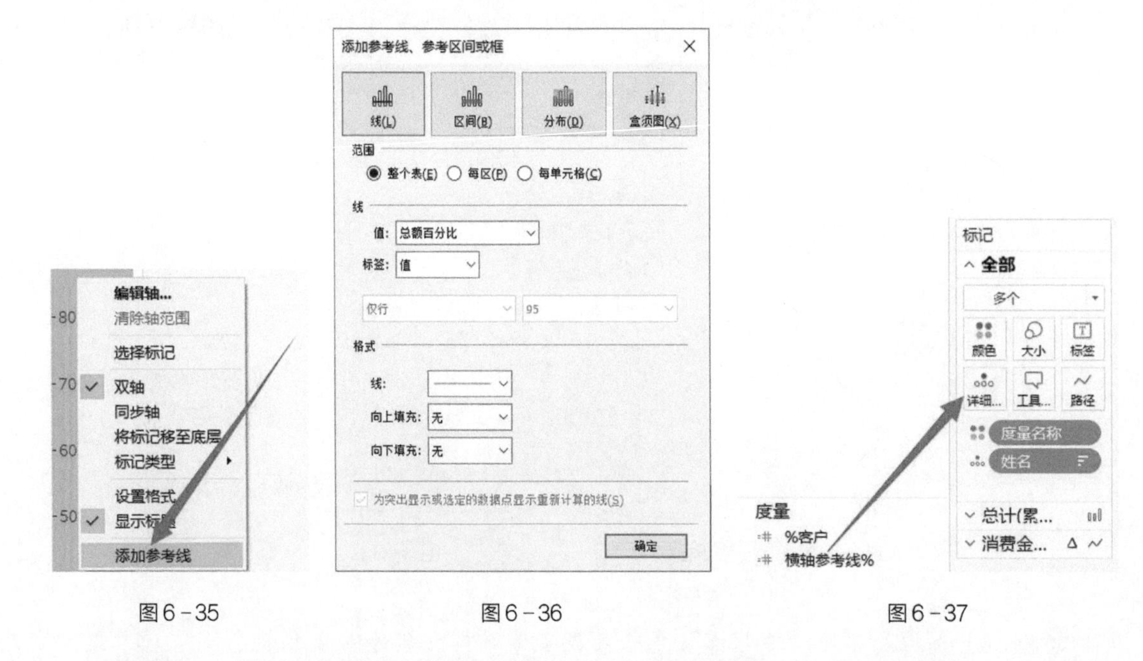

图6-35　　图6-36　　图6-37

步骤 30　为横轴添加参考线，如图6-38、图6-39所示。

步骤 31　右键单击参数［总额百分比］，设置［总额百分比］的［显示参数控件］，如图6-40所示。

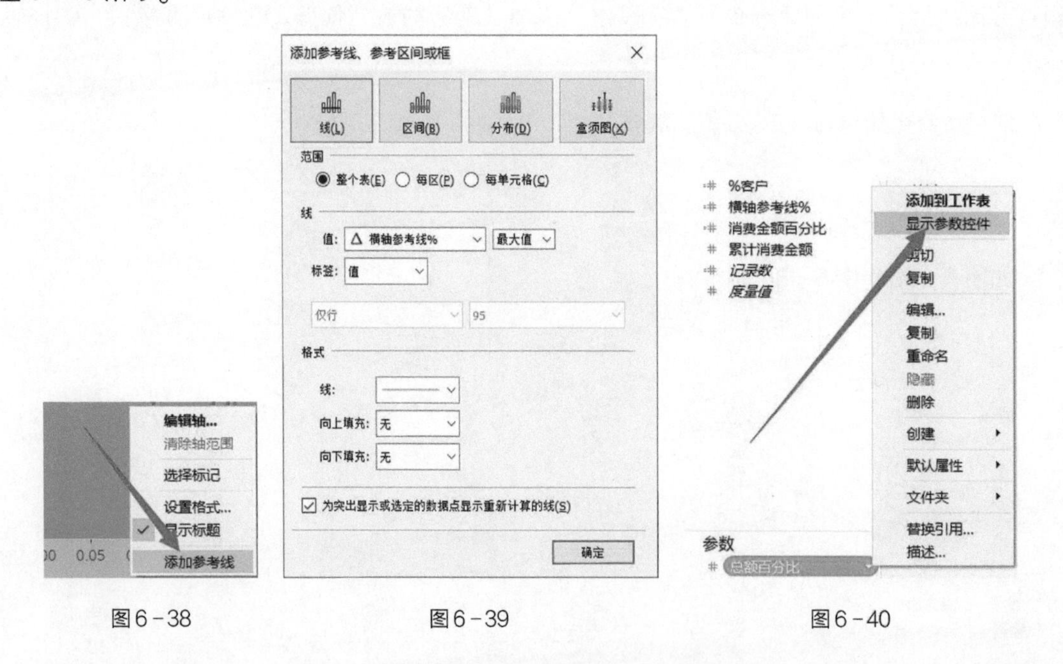

图6-38　　图6-39　　图6-40

操作结果如图6-41所示，在图像右上区域出现［总额百分比］控件，可以通过控件的“<”与“>”控制［总额百分比］参数的大小。箭头所指的数字即为当前的客户数量占比。可见：约70%的客户贡献了90%的销售额。

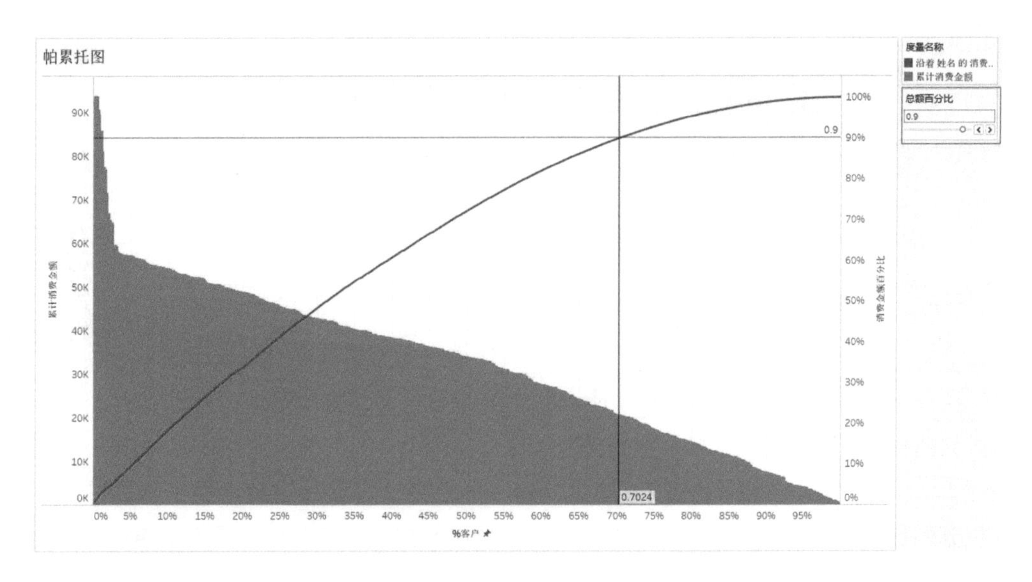

图6-41

如图6-42所示，如果将［总额百分比］调整为0.8，则客户占比约为58%。

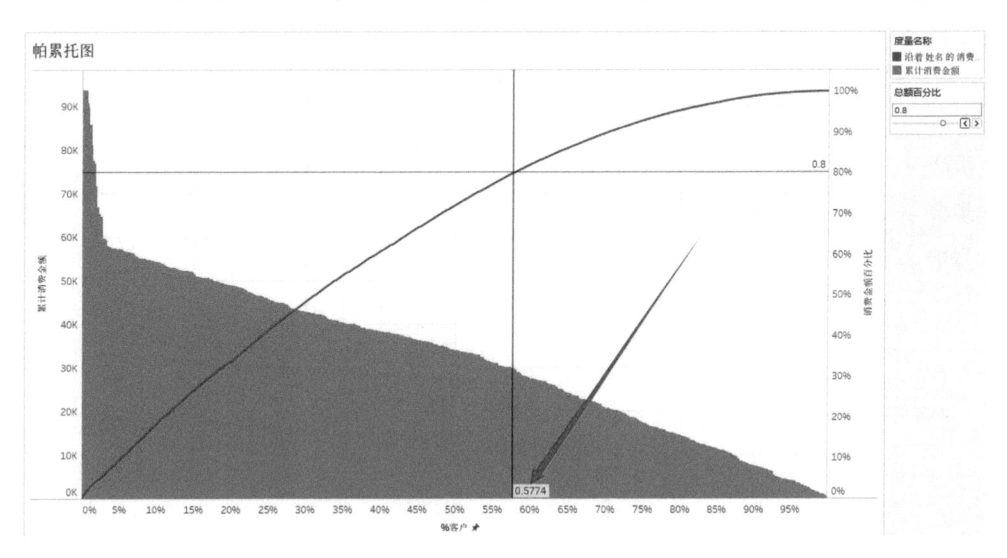

图6-42

操作完成■

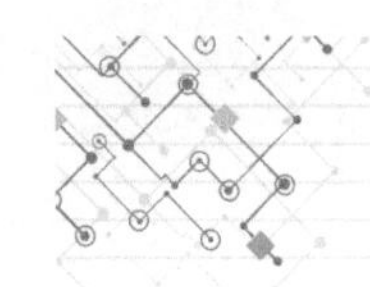

任务二　盒须图的创建与分析

盒须图

任务目标 通过盒须图展示整体及不同类别订单的利润率分布情况。

相关知识 盒须图又叫箱线图，因形状如箱子而得名。盒须图包含数据的五个统计指标——最大值、最小值、中位数及上/下四分位数。其中：中位数是按顺序排列的一组数值中居于中间位置的数；上四分位数为该组数值由小到大排列后处于75%位置的数，即该分位数≥数据集中75%的个体值；下四分位数为该组数值由小到大排列后处于25%位置的数，即该分位数≥数据集中25%的个体值。盒须图即通过上述五个指标在数据点分布图中的位置显示数据的分散程度、异常值等特征，常见于品质管理，还可以用于对多组数据分布特征的比较。

任务分析 制作订单利润率的盒须图，在此基础上加入分类字段，查看不同产品类别、客户类别及其交叉类别订单的利润率分布情况。

任务数据 见“家具电商数据”。

步骤 1　导入数据，如图6-43所示。

步骤 2　进入工作表，如图6-44所示。

步骤 3　修改表名为“盒须图”，如图6-45所示。

排序字段　数据源顺序

数据 利润率	数据 记录数	数据 制造商
0.00000	1	Advantus
0.00000	1	Fellowes
0.00000	1	Avery
0.00000	1	Tenex
0.00000	1	Novimex
0.00000	1	思科
0.00000	1	Cuisinart
0.00000	1	Hoover
0.00000	1	Cuisinart
0.00000	1	Novimex
0.00000	1	Advantus

图6-43

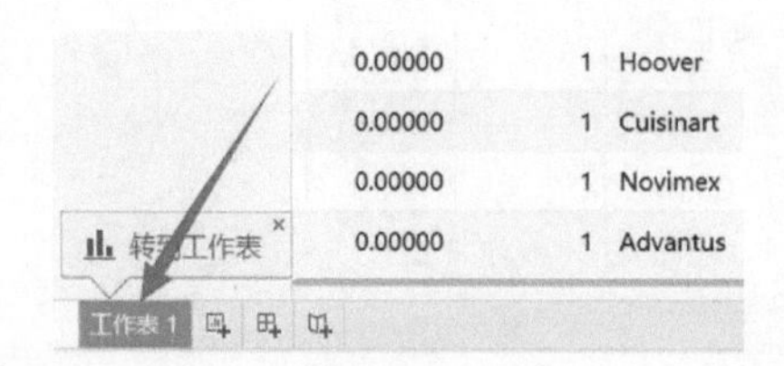

图6-44

盒须图

图6-45

步骤 4　将［利润率］拖到行（或双击［利润率］），如图6-46所示。

步骤 5　单击菜单栏中的［分析］，取消勾选［聚合度量］，解除聚合状态，如图6-47

所示。

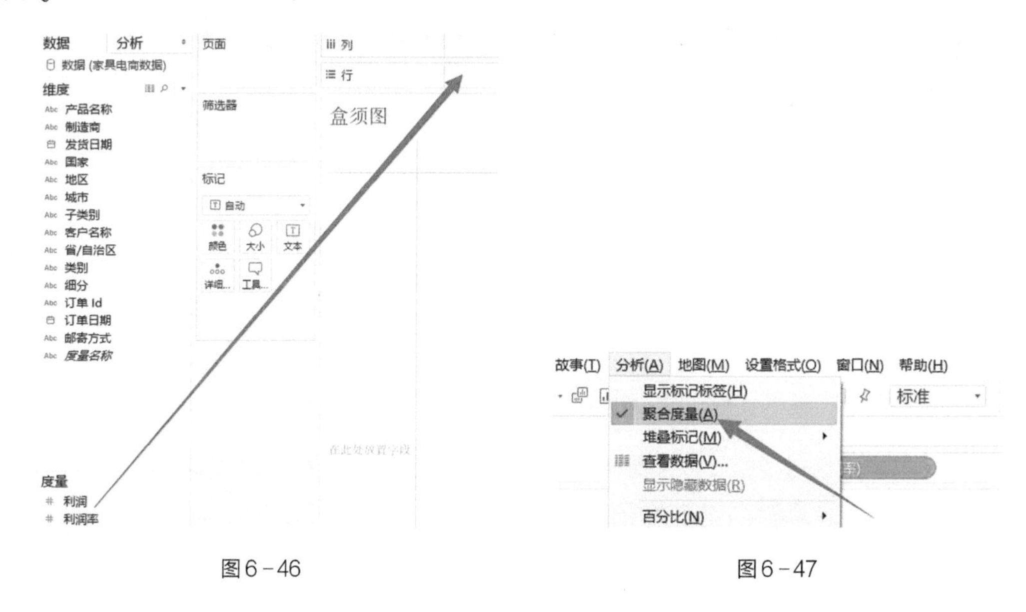

图 6-46　　　　图 6-47

注　聚合状态意味着当前视图显示所有数据的“聚合”值（如总和、均值等汇总性的指标值），解除聚合状态意味着视图显示所有数据点的情况。

步骤 6　在右侧的［智能显示］中点选“盒须图”，如图 6-48 所示。

注　此时盒须图的“初稿”完成，接下来对视图做必要的调整与修饰。

步骤 7　交换行列，使图形横向分布，如图 6-49 所示。

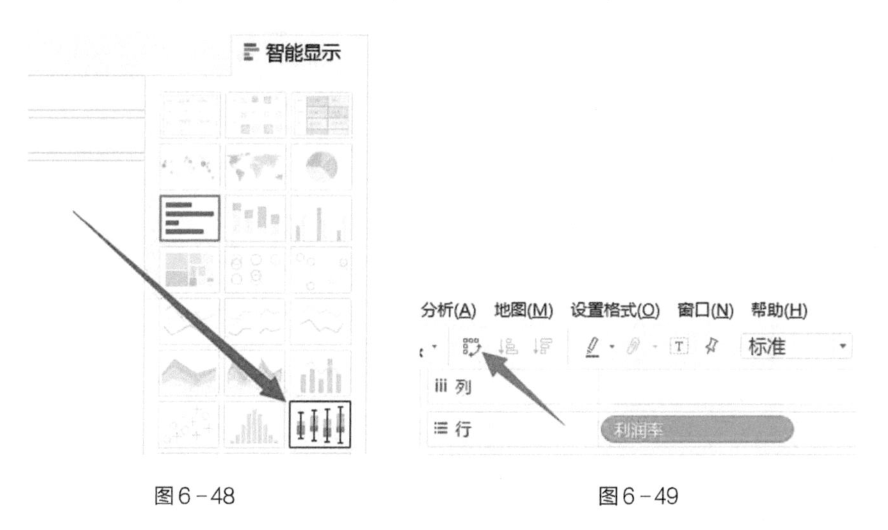

图 6-48　　　　图 6-49

注　由于视图的“宽度”大于“高度”，将视图横向排布更有利于观察数据点的分布情况。在实务中可根据使用者的习惯和分析需求自行调整。

步骤 8 将视图尺寸设置为“整个视图”，如图 6－50 所示。

步骤 9 由于初始图形中的数据点较小，可在标记卡［大小］中向右侧移动滑块将其尺寸适当放大，如图 6－51 所示。

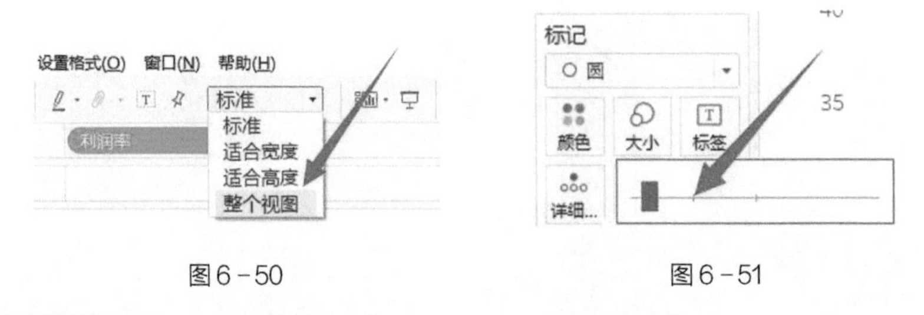

图 6－50　　图 6－51

注　标记大小可根据使用者的习惯和分析需求自行调整。

操作结果如图 6－52 所示，当前视图显示所有订单的利润率分布情况，但在数据点分布较为密集的区域，存在着大量数据点“重合”的情况，从而低估了数据点在该区间段的占比，造成“误导”。如果能够将数据点“上下错开”，则能够在很大程度上解决这个问题。接下来通过创建计算字段加以实现。

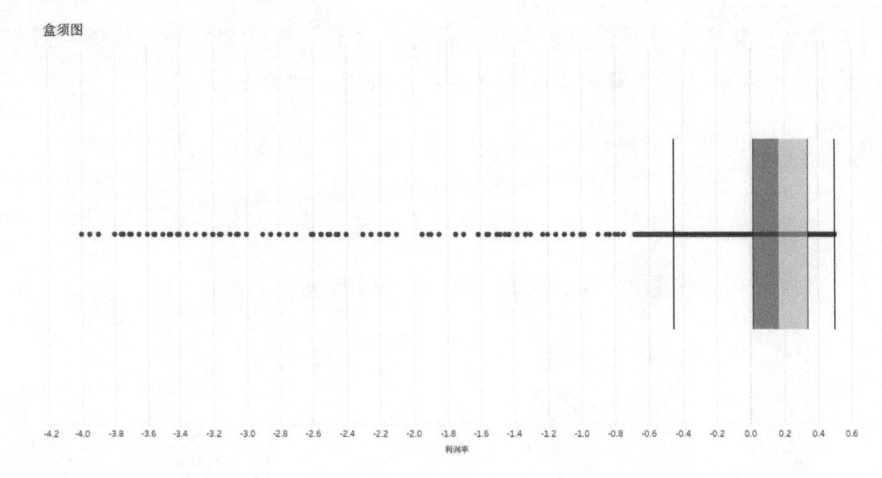

图 6－52

步骤 10 创建计算字段——分散变量，公式为“[销售额]%40”，如图 6－53、图 6－54所示。

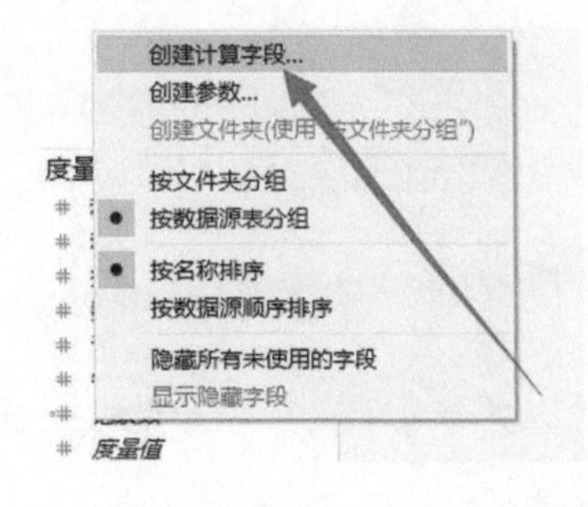

图 6－53　　图 6－54

注❶ "%"为取余运算。A%B 的运算结果为 A 整除 B 所得到的余数。例如：9 除以 4，商数为 2，余数为 1，即 9%4 的结果为 1。

注❷ 公式里的"40"可根据实际分布情况调整。

注❸ 分散变量是销售额取余运算的结果，借助分散变量可以使所有点"上下错开"。

步骤 11 将［分散变量］拖到行，如图 6－55 所示。

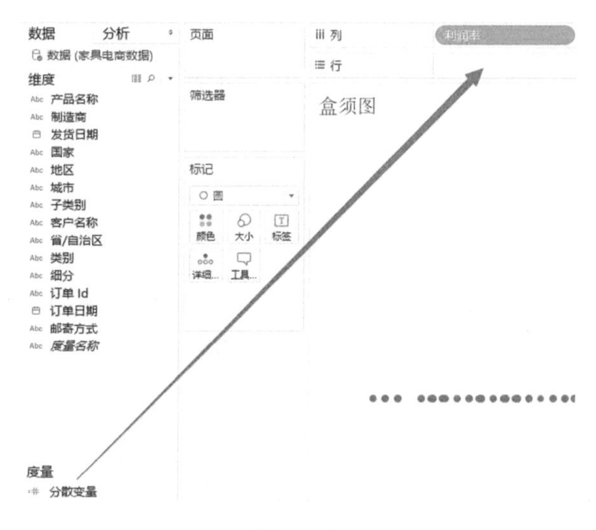

图 6－55

操作结果如图 6－56 所示，可见：大部分订单的利润率分布在 -0.7 ~0.5；-0.7 以下的订单分布较为稀疏；区间［0，0.5］的数据点密度高于区间［-0.7，0］。从图 6－56 中可见中位数为 0.170（需要将鼠标悬停在视图中的"盒须"部分）。基本可以确定该电商平台整体上是盈利的。

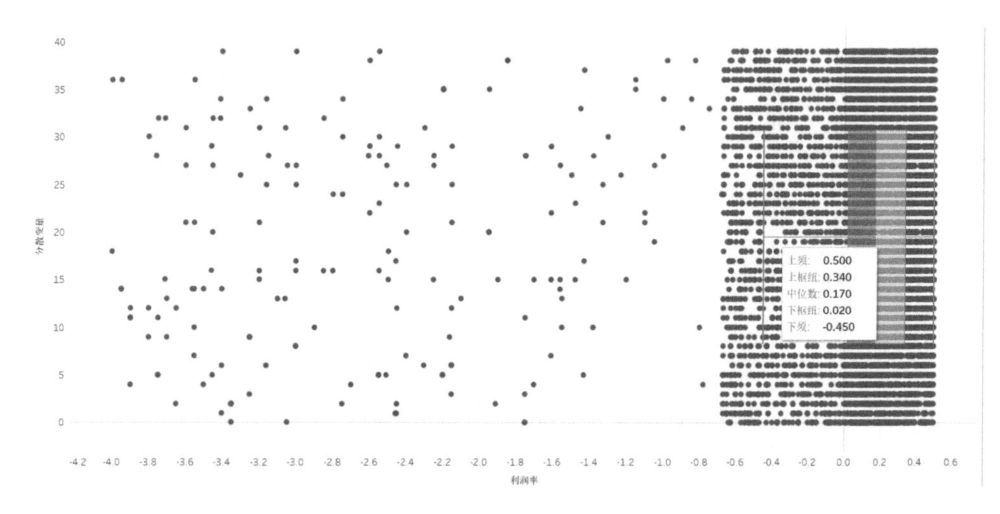

图 6－56

注 接下来查看不同类别（含产品类别、客户类别）的订单利润率分布情况。

步骤 12 将［类别］拖到行，如图 6－57 所示。

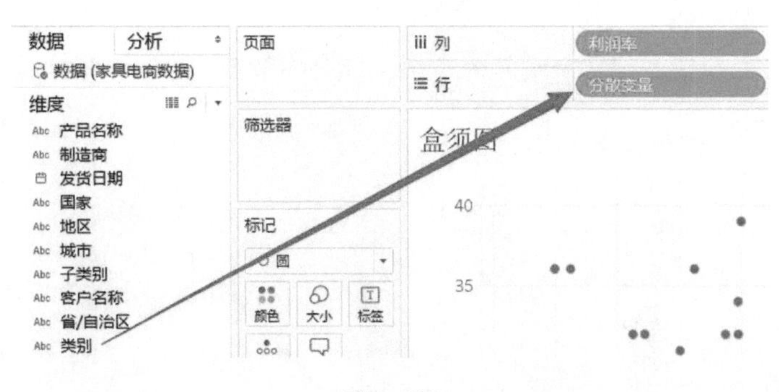

图 6－57

步骤 13 为了更好地区分各个类别，将［类别］拖到标记卡［颜色］，如图 5－58 所示。

步骤 14 为了视图的简洁，可将视图中的标题“分散变量”删除，右键单击［分散变量］区域，点选［编辑轴］，在弹出的对话框中删除标题“分散变量”，如图 6－59、图 6－60 所示。

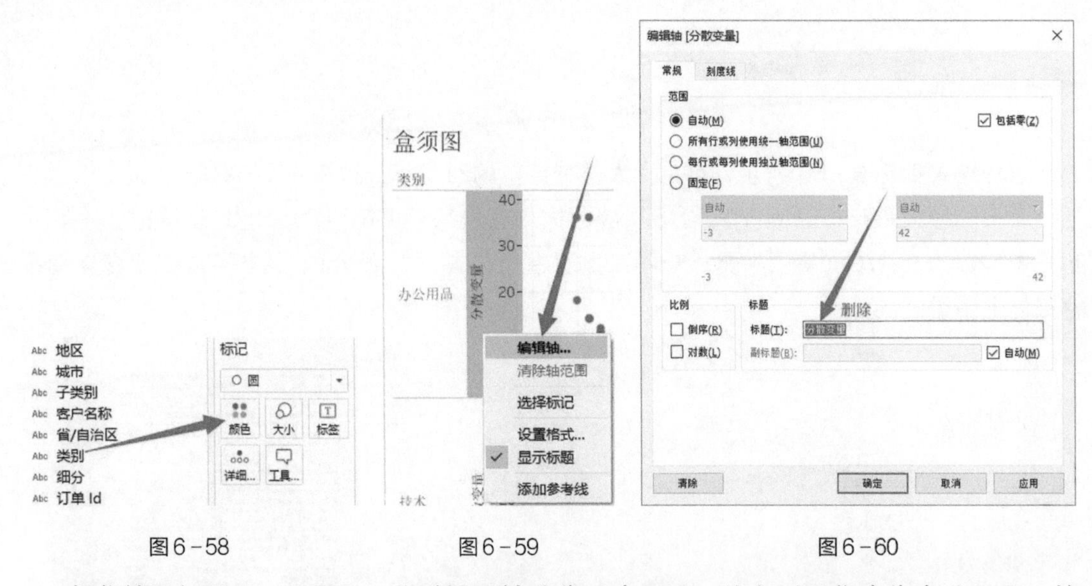

图 6－58　　图 6－59　　图 6－60

操作结果如图 6－61 所示，此时视图被分为三个子图，从上到下依次为办公用品、技术、家具类。产品订单的利润率盒须图。可见办公用品的亏损订单占比最高，其次是家具。注意到虽然办公用品类亏损订单数量比较多，但其盈利订单数量也非常多，办公用品类订单在盒须图的右侧区域（高利润率区域）的密度显著高于其他两类产品。

注 接下来查看不同客户类别的订单利润率分布情况。

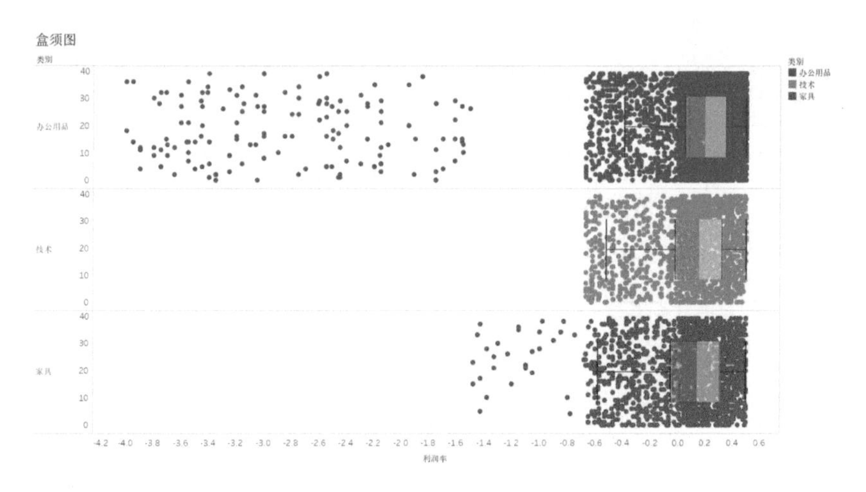

图6-61

步骤 15 分别将标记卡及行的［类别］移除，如图6-62、图6-63所示。

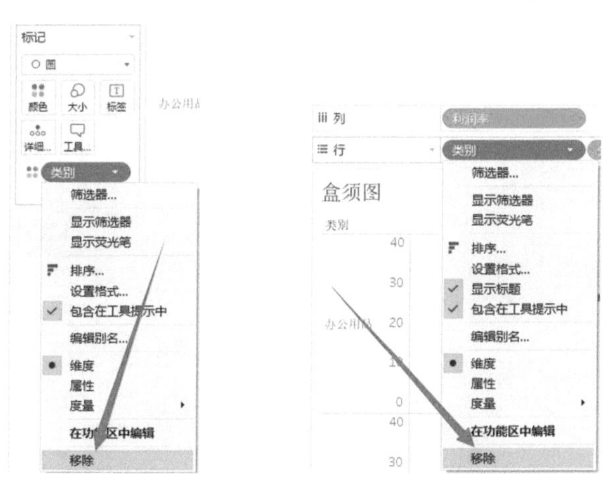

图6-62　　　　图6-63

步骤 16 将［细分］拖到行，如图6-64所示。

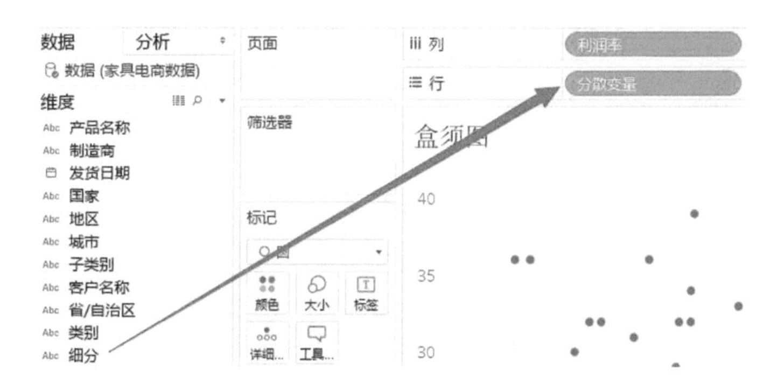

图6-64

步骤 17 为了更好地区分各个类别，将［细分］拖到标记卡［颜色］，如图 6－65 所示。

操作结果如图 6－66 所示，此时视图被分为三个子图，从上到下依次为公司、消费者、小型企业类客户订单的利润率盒须图。可见三类客户“盒须”部分的分布性态大致相同；利润率的中位数也相差不大；小型企业的高亏损订单（分布在左侧“稀疏”区域的订单）数量占比最低。

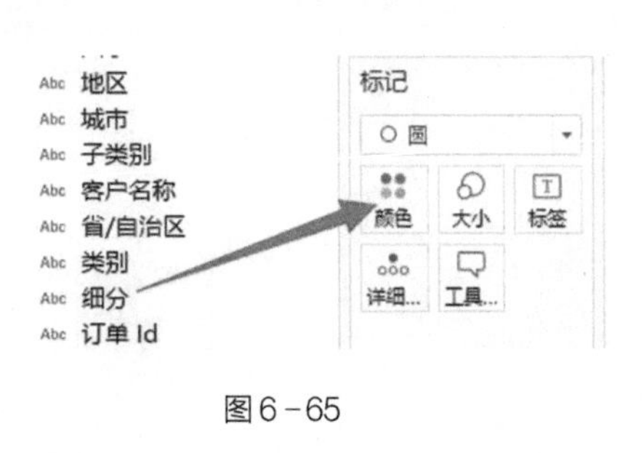

图 6－65

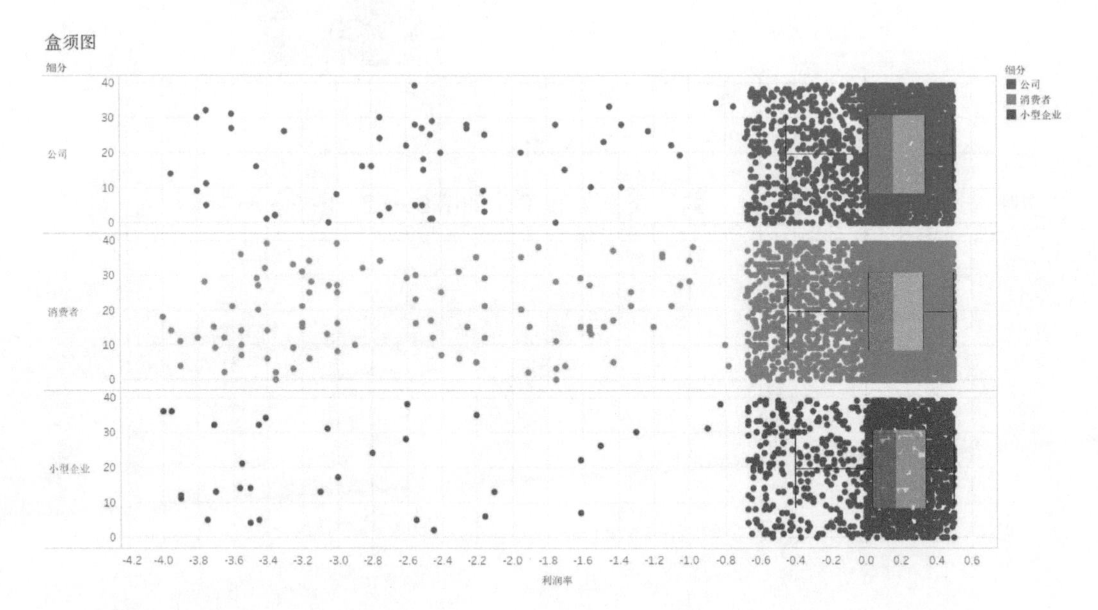

图 6－66

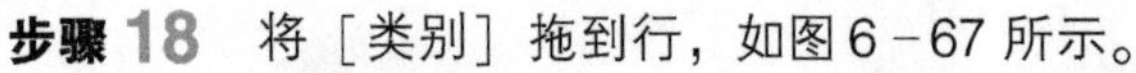

注 接下来将［类别］（产品类别）也拖入行，查看不同产品/客户组合类的订单利润分布情况。

步骤 18 将［类别］拖到行，如图 6－67 所示。

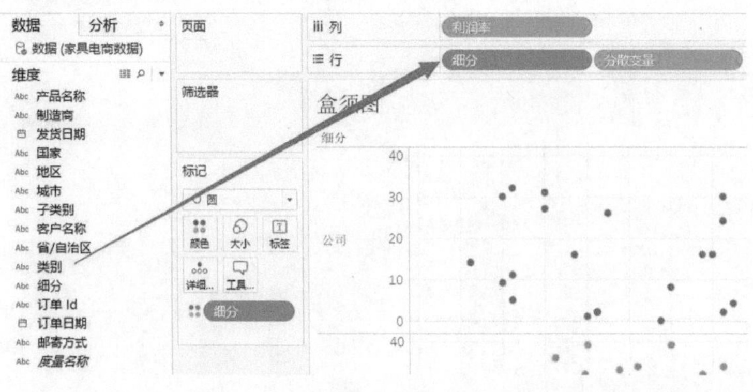

图 6－67

操作结果如图 6－68 所示，此时视图被分为九个子图，从上到下依次对应办公用品的三类客户订单利润率盒须图、技术的三类客户订单利润率盒须图、家具的三类客户订单利润率盒须图。此时可以更为清晰地观察各个交叉类别的订单利润率分布情况。可见，相同产品类别的盒须图大体上相差不大；家具类别中，小型企业相较于公司、消费者，低利润率订单占比明显更低。

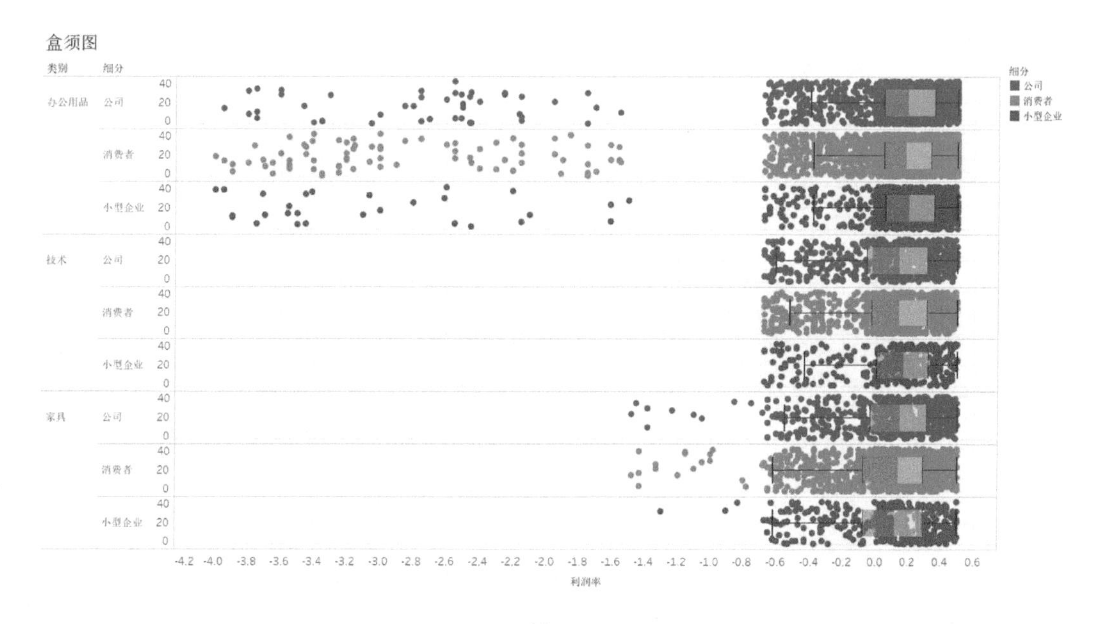

图 6－68

操作完成■

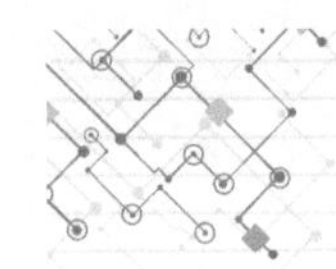

任务三　瀑布图的创建与分析

瀑布图

任务目标 制作瀑布图反映各保险产品盈利情况。

相关知识 瀑布图是由麦肯锡公司所独创的图表类型，采用绝对值与相对值结合的方式，适用于表达数个特定数值之间的数量变化关系。瀑布图外观与条形图较为类似，但与条形图相比，瀑布图能够突出、直观地展示指标值较大或者为负的个体，从而凸显这类个体对总体的影响，提示问题或机会。

任务分析 原始数据为某保险公司意外险部的所有产品的年度利润。由于不同保险产品的赔付情况不一样，赔付数量较多的产品往往出现较大的亏损，反之则亏损较小甚至盈利。本图的目的是为了展示不同保险产品的盈利情况，并展示部门的整体盈亏状态。在瀑布图中，以条形的长度展示不同产品的盈利（亏损）大小，以不同的颜色展示不同产品的盈亏状态。

任务数据 见“意外险经营数据”。

步骤 1　导入数据，如图 6－69 所示。

步骤 2　进入工作表，如图 6－70 所示。

步骤 3　修改表名为“瀑布图”，如图 6－71 所示。

排序字段　数据源顺序

Abc Sheet1 险种	# Sheet1 利润
A	523,735.13
B	-265,471.62
C	173,215.30
D	27,495.16
E	76,135.37
F	2,718.49
G	-32,518.59
H	-8,792.34

图 6－69

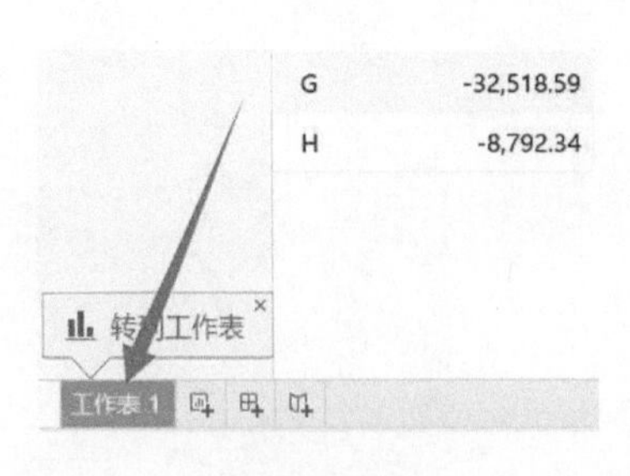

图 6－70

瀑布图

图 6－71

步骤 4　将［险种］拖到列，如图 6－72 所示。

步骤 5　将［利润］拖到行，如图 6－73 所示。

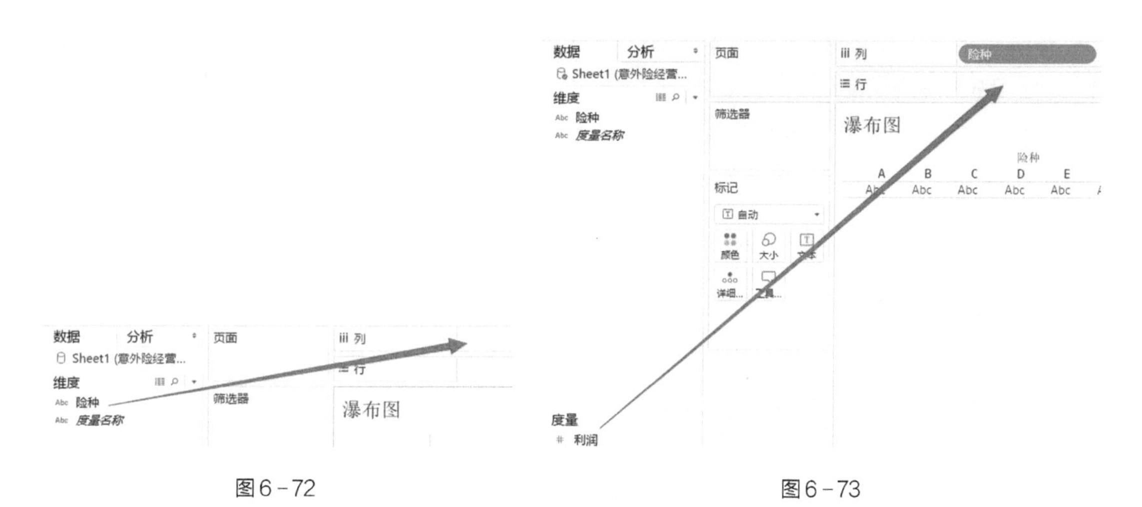

图6－72　　图6－73

步骤 6　设置标记类型为“甘特条形图”，如图6－74 所示。

步骤 7　将［利润］拖到标记卡［大小］，如图6－75 所示。

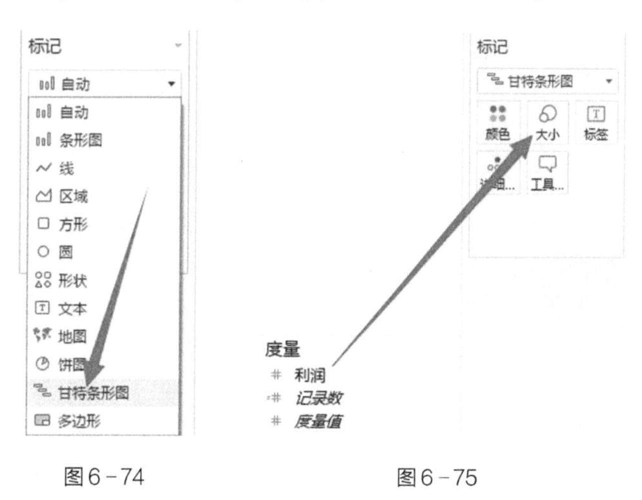

图6－74　　图6－75

步骤 8　设置［险种］的排序，如图6－76、图6－77 所示。

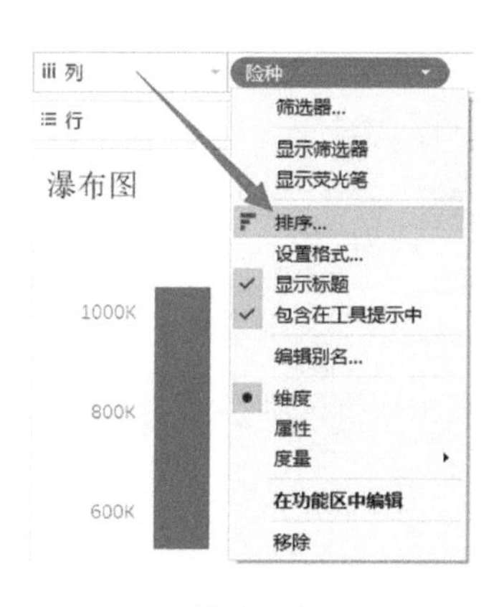

图6－76

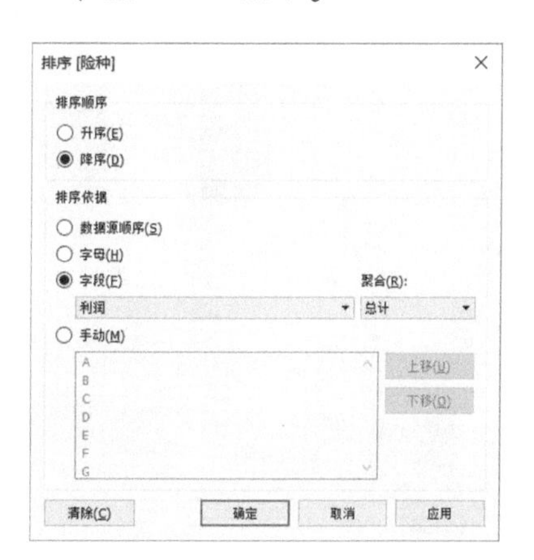

图6－77

步骤 9 为了显示合计的利润金额，依次点选菜单栏［分析］—［合计］—［显示行合计］，如图 6-78 所示。

步骤 10 为了突出盈亏状态，用不同的颜色区分赢利与亏损，将［利润］拖到标记卡［颜色］，如图 6-79 所示。

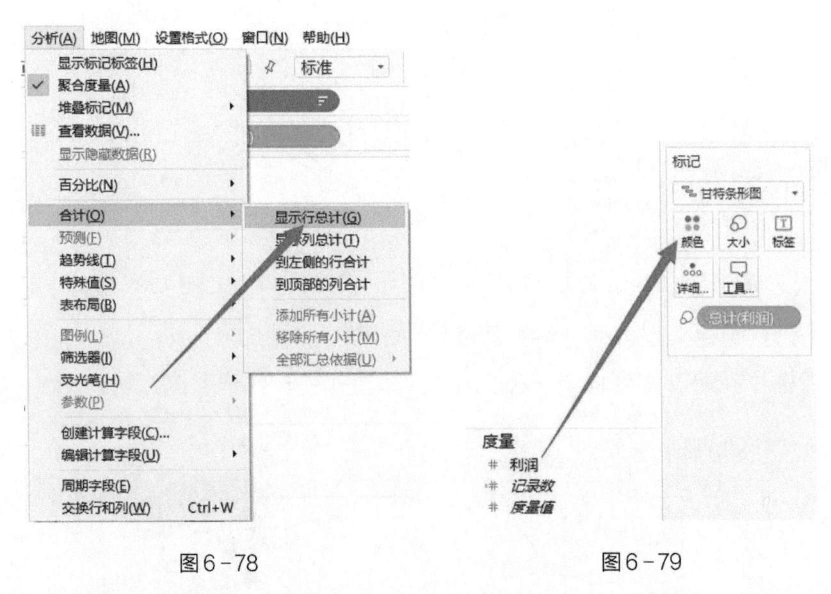

图 6-78　　　　图 6-79

步骤 11 为便于查看数据，设置显示标签，单击标记卡［标签］，勾选［显示标记标签］，如图 6-80 所示。

操作结果如图 6-81 所示，此时图中出现多种颜色。为了简洁起见，可以对颜色设置进行调整。

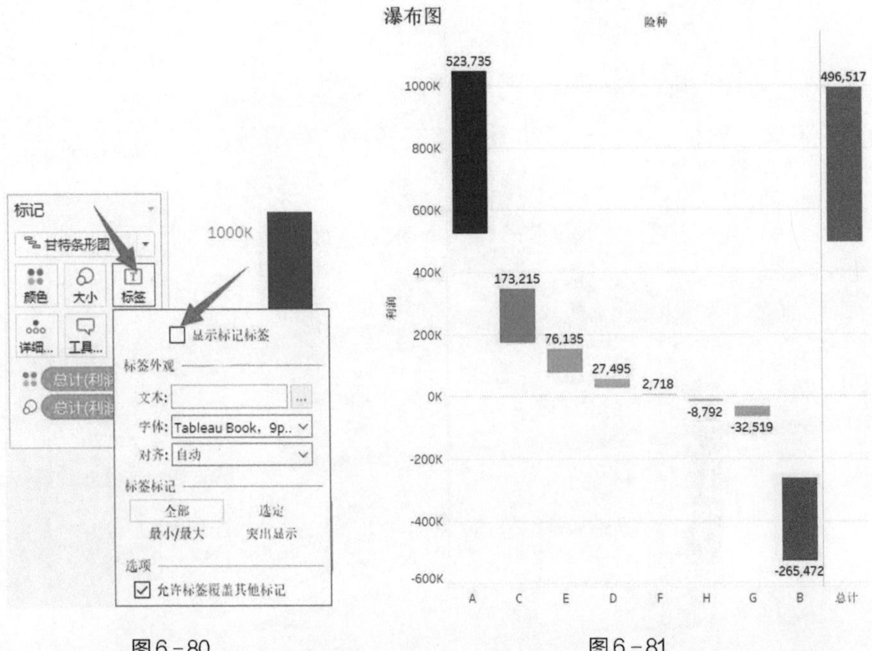

图 6-80　　　　图 6-81

步骤 12 依次点选标记卡［颜色］—［编辑颜色］，如图 6－82 所示。

步骤 13 在“编辑颜色”对话框中，点选［色板］中最下面的［自定义发散］，如图6－83 所示。

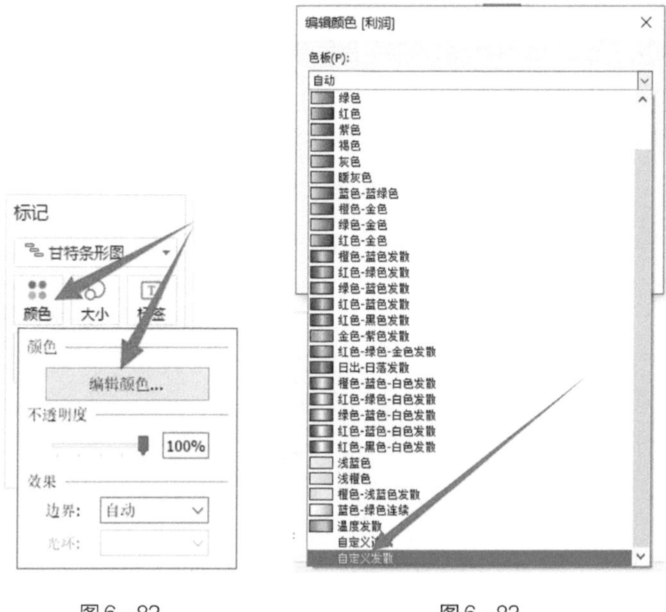

图 6－82　　图 6－83

注　若选择“自定义发散”，则颜色随着度量值的变化“渐变”；选择“自定义连续”，则颜色随着度量值的变化而“连续”变化。

步骤 14 在“编辑颜色”对话框中，勾选［渐变颜色］并设为 2 阶，如图 6－84 所示。

注　“2 阶”意味着两种颜色，如果需要可以设置为更多的颜色。

步骤 15 点选［高级］，勾选［中心］并设置为 0，如图 6－85 所示。

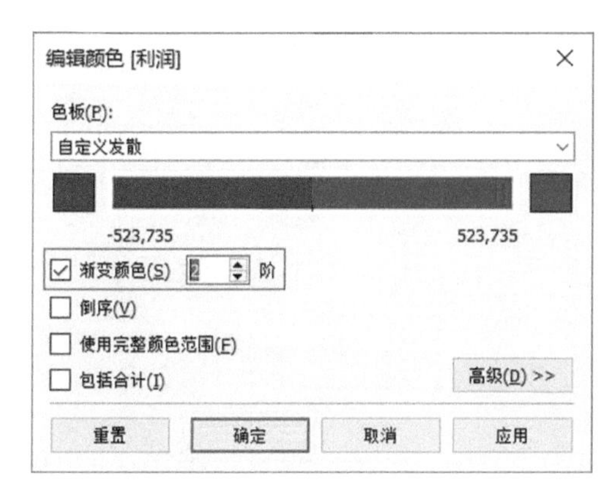

图 6－84

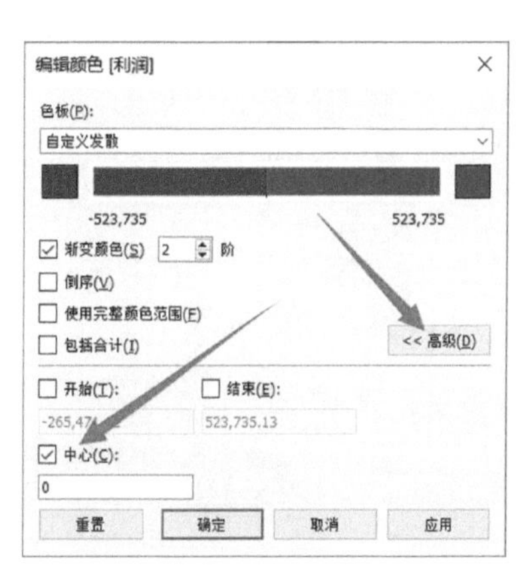

图 6－85

注　在［高级］中，可设置颜色变化的度量范围及颜色变化的分界值（中心）。在本例中，为了区分“盈利”与“亏损”，将［中心］设置为0，意味着大于0与小于0的数据点分别设置为不同的颜色。如有需要可以设置为其他值。

步骤 16　如果需要将盈利与亏损的颜色互换，可以在“编辑颜色”对话框中勾选［倒序］，如图6-86所示。

操作结果如图6-87所示，可见，利润较高的产品为A、C、E，特别是A。在三款亏损产品中，产品B的亏损金额占据了较大的比重，应当予以重点关注。

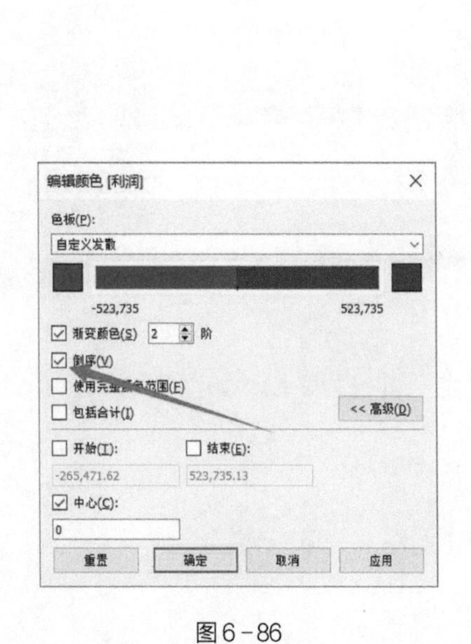

编辑颜色 [利润]
色板(P):
自定义发散
-523,735
523,735
渐变颜色(S)
2
阶
倒序(V)
包括合计(I)
<< 高级(D)
开始(T):
结束(E):
-265,471.62
523,735.13
中心(C):
0
重置
确定
取消
应用

图6-86

瀑布图
险种
利润
1000K
800K
600K
400K
200K
0K
-200K
-400K
-600K
523,735
173,215
76,135
27,495
2,718
-8,792
-32,519
-265,472
496,517
A
C
E
D
F
H
G
B
总计

图6-87

操作完成■

习　题

请简述帕累托原理。

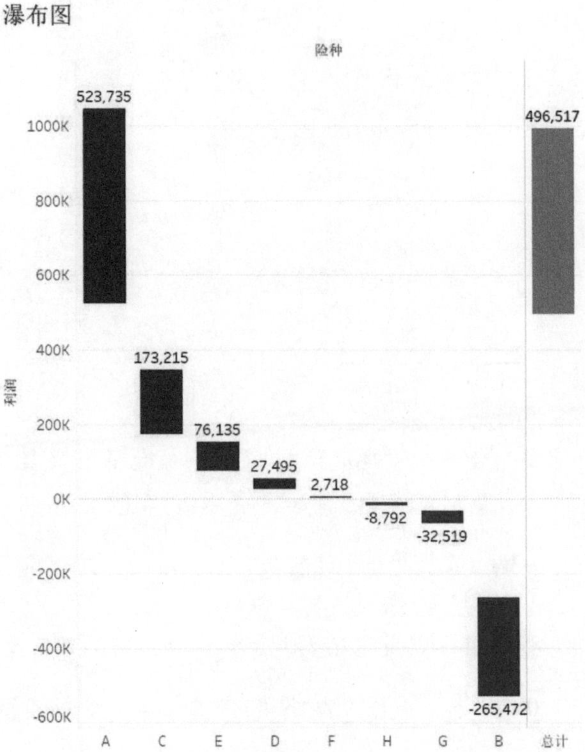

项 目 七
统计分析

任务一 相关分析
任务二 回归分析
任务三 时间序列分析

本项目主要介绍如何运用散点图进行相关分析、回归分析，以及如何利用时间序列数据进行预测。

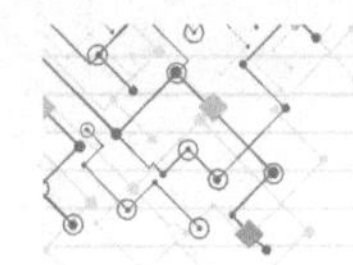

任务一　相关分析

任务目标 利用散点图分析利润与研发投入、管理费用、市场投入之间的相关关系。

相关知识 相关分析是研究两个或两个以上变量间的相关关系的统计分析方法。例如，商品的价格和销量之间、广告投入与销量之间的关系等问题。相关系数是描述变量间相关关系的指标，通常用字母 r 来表示。r 介于 -1 到 1 之间。$r=1$ 代表变量间完全正相关，$r=-1$ 代表变量间完全负相关，$r=0$ 则代表变量间无线性相关关系。r 越接近 1 则正相关性越强，r 越接近 -1 则负相关性越强。除了直接计算相关系数以外，借助散点图，我们可以大致看出变量之间的相关关系类型和相关强度，理解变量之间的关系。

任务分析 制作散点图显示利润分别与研发投入、管理费用及市场投入之间的线性相关关系，并分地区分别查看变量间的相关关系。

任务数据 见“企业经营数据”。

步骤 1 导入数据，如图 7－1 所示。

步骤 2 进入工作表，如图 7－2 所示。

步骤 3 修改表名为“散点图”，如图 7－3 所示。

# Predict to Profit 研发投入	# Predict to Profit 管理费用	# Predict to Profit 市场投入	Abc Predict to P... 地区	# Predict to P... 利润
165,349.20	136,897.80	471,784.10	New York	192,261.83
162,597.70	151,377.59	443,898.53	California	191,792.06
153,441.51	101,145.55	407,934.54	Florida	191,050.39
144,372.41	118,671.85	383,199.62	New York	182,901.99
142,107.34	91,391.77	366,168.42	Florida	166,187.94
131,876.90	99,814.71	362,861.36	New York	156,991.12
134,615.46	147,198.87	127,716.82	California	156,122.51
130,298.13	145,530.06	323,876.68	Florida	155,752.60
120,542.52	148,718.95	311,613.29	New York	152,211.77
123,334.88	108,679.17	304,981.62	California	149,759.96
101,913.08	110,594.11	229,160.95	Florida	146,121.95

图 7－1

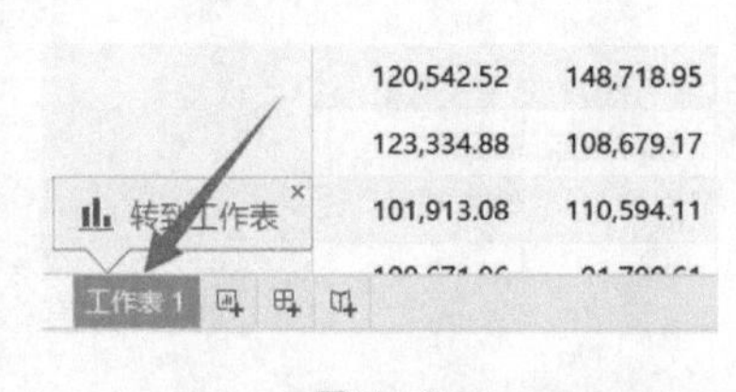

图 7－2

散点图

图 7－3

步骤 4 分别将［利润］、［市场投入］、［研发投入］、［管理费用］拖到列及行，如图 7－4所示。

步骤 5 解除聚合状态，如图 7－5 所示。

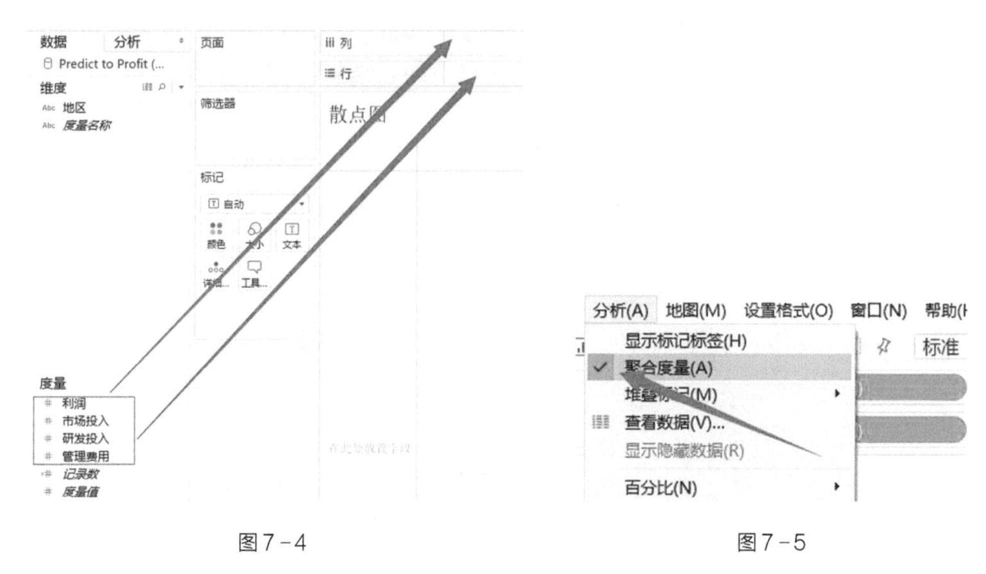

图7-4　　　　图7-5

操作结果如图7-6所示，此时，基于全体数据的散点图已经完成，可见共计有16（4 x 4）个散点图，形成一个“矩阵”结构。沿着矩阵对角线（矩阵左上角到右下角）的四个散点图分别为这四个指标“自身与自身”的散点图，因此呈现出45度直线的形态。因此，需要重点关注此“对角线”以外的散点图。注意到关于“对角线”对称的两个散点图完全相同，即散点图矩阵关于“对角线”对称。

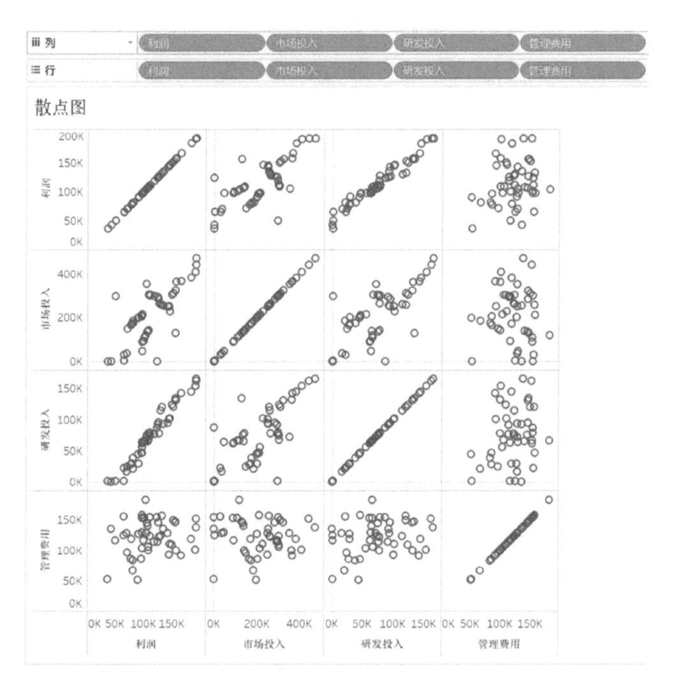

图7-6

为了研究利润与其余三个指标的关系，观察第一行除对角线外的三个散点图（由于对称性，也可以观察第一列除对角线外的三个散点图）。可以发现：利润与市场投入、研发投入之间存在线性相关关系，且为正相关，即这两项投入越高，利润越高；但利润与管理费用之间则基本不存在线性关系，即利润大小与管理费用之间线性无关。

步骤 6 为了观察不同地区指标之间的关系，将［地区］拖到［筛选器］，如图7－7所示。

步骤 7 在筛选器中，可分别选择不同的地区，观察不同地区的散点图，如图7－8所示。

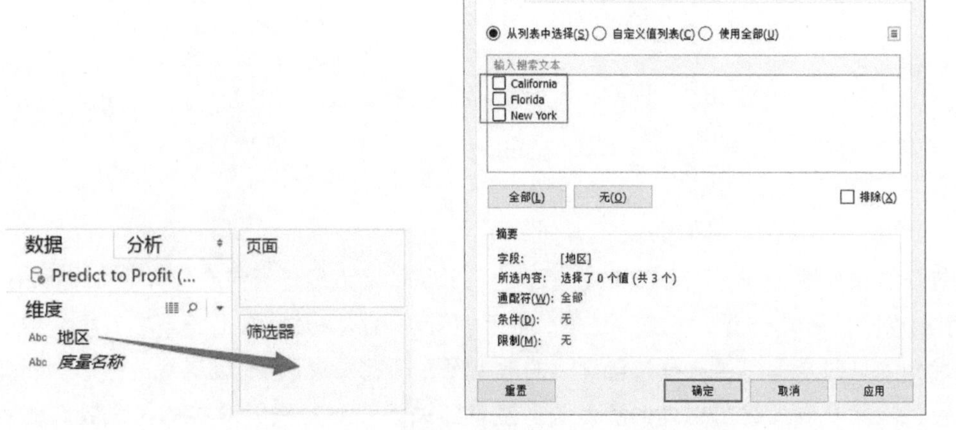

图7－7　　　　图7－8

步骤 8 在筛选器中，选择California，将得到图7－9所示。

步骤 9 为了便于使用筛选器，可设置［显示筛选器］，如图7－10所示。

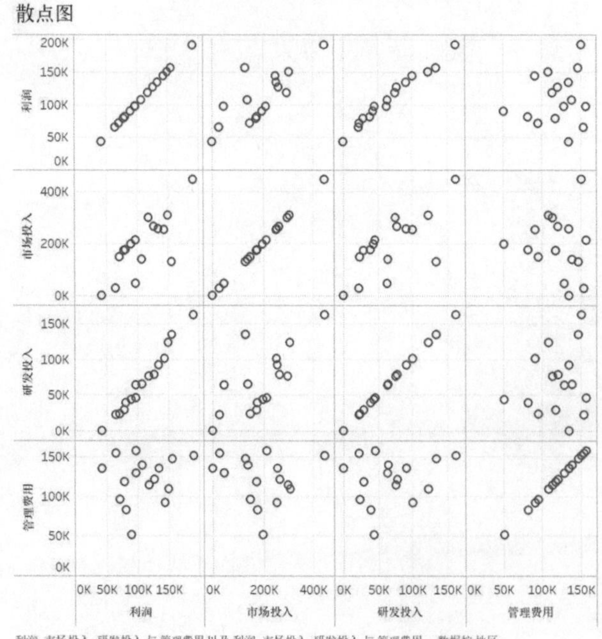

图7－9　　　　图7－10

操作结果如图 7－11 所示，在视图右上区域将产生一个筛选器控件，可通过单击进行选择或取消选择。

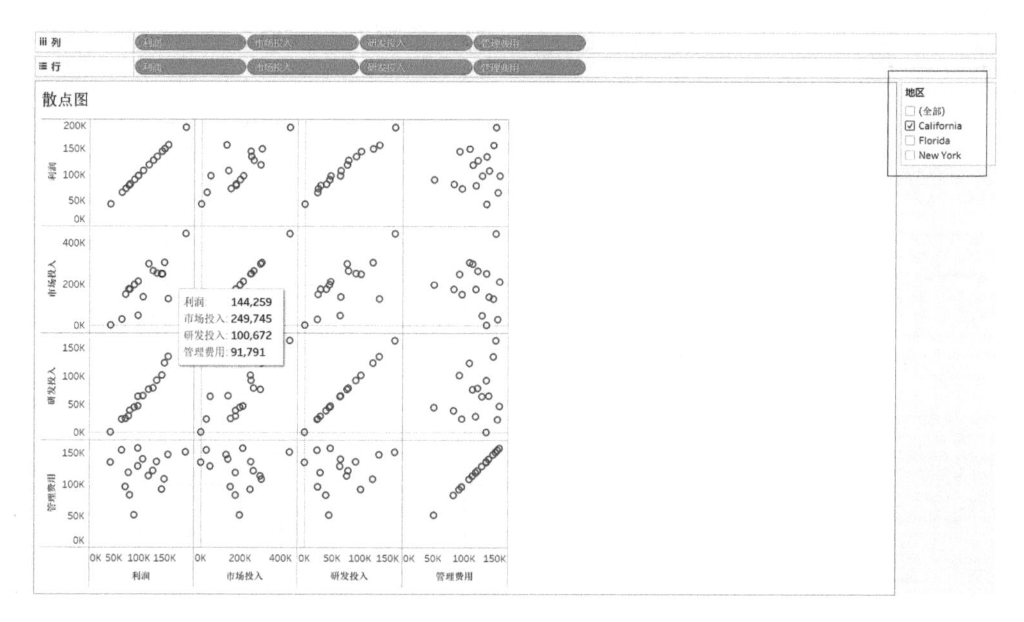

图 7－11

步骤 10 分别选择 Florida、New York，得到图 7－12、图 7－13 所示。

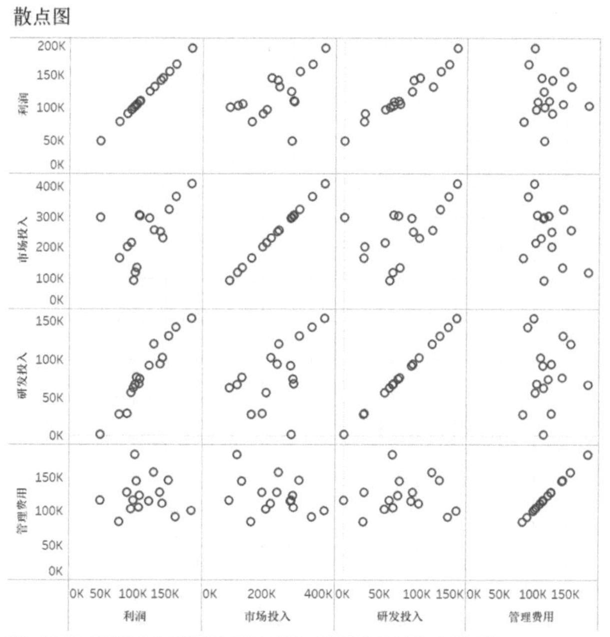

图 7－12

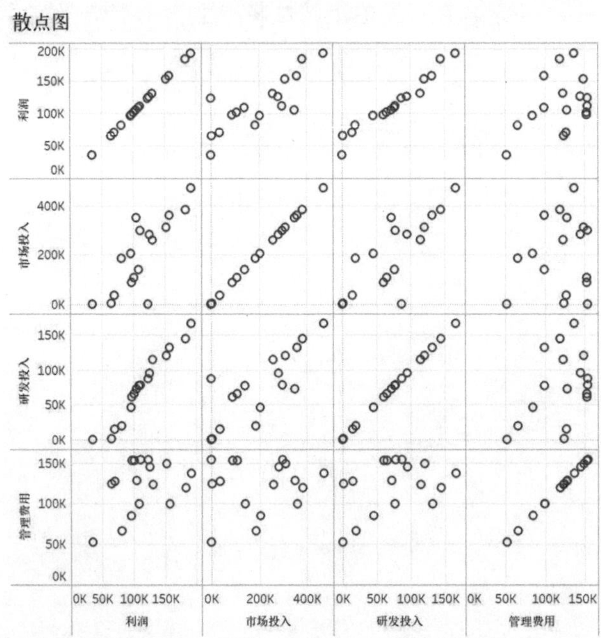

图 7－13

由图 7－9、图 7－12 和图 7－13 可见，三个地区的分布情况基本相同。但在 New York，利润与管理费用之间存在着较弱的正相关关系。

操作完成■

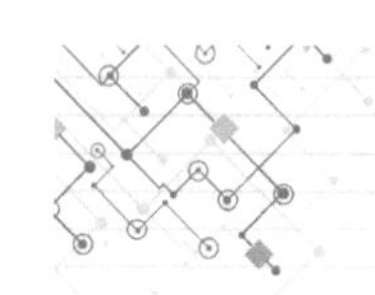

任务二　回归分析

任务目标 利用回归分析方法定量分析收入与工龄间的关系。

相关知识 回归分析指的是确定两种或两种以上变量间相互依赖的定量关系的一种统计分析方法。回归分析按照涉及变量的多少，分为一元回归和多元回归分析；按照自变量和因变量之间的关系类型，又分为线性回归分析和非线性回归分析。其中，线性回归分析是应用最为广泛的回归分析方法。以一元线性回归为例，假设应变量 y 与自变量 x 之间的关系可用 $y=ax+b+e$ 表示，其中 e 为误差项。基于 x 与 y 的值，通过最小二乘法即可计算出回归方程的系数 a 与 b，从而得到回归方程。

任务分析 制作散点图显示变量间的相关关系，显示趋势线及描述趋势模型（回归方程）。

任务数据 见“收入数据”。

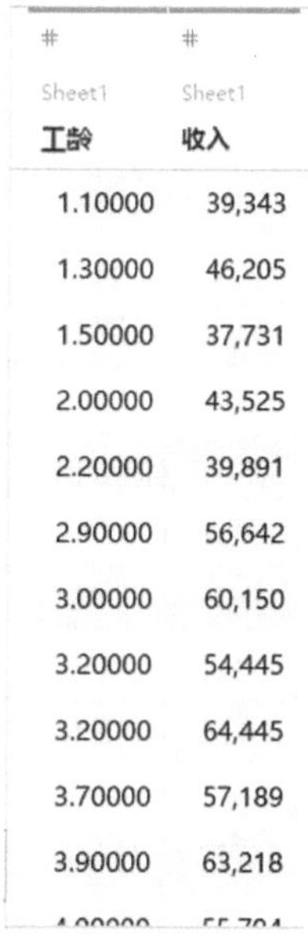

步骤 1　导入数据，如图 7－14 所示。

# Sheet1 工龄	# Sheet1 收入
1.10000	39,343
1.30000	46,205
1.50000	37,731
2.00000	43,525
2.20000	39,891
2.90000	56,642
3.00000	60,150
3.20000	54,445
3.20000	64,445
3.70000	57,189
3.90000	63,218

图 7－14

步骤 2　进入工作表，如图 7－15 所示。

步骤 3　修改表名为“回归分析”，如图 7－16 所示。

步骤 4　分别将［工龄］、［收入］拖到列及行，如图 7－17 所示。

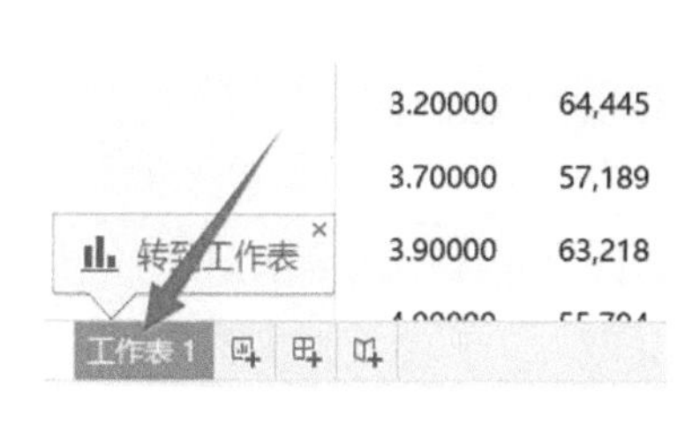

图 7－15

图 7－16

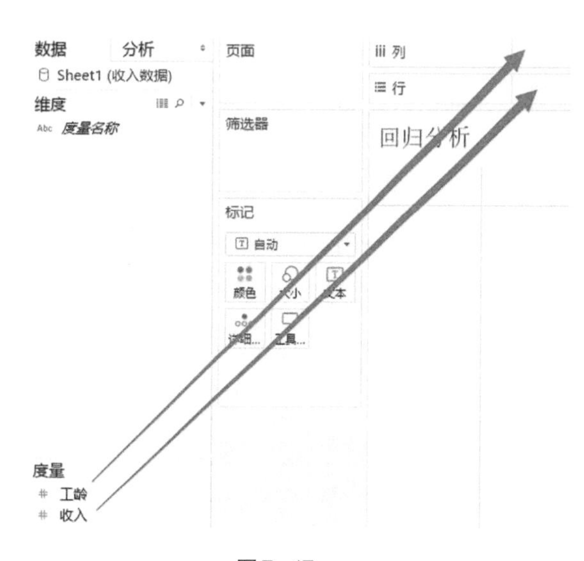

图 7－17

步骤 5 解除聚合状态，如图 7－18 所示。

步骤 6 在图中任意位置单击右键，依次点选［趋势线］—［显示趋势线］，将回归直线显示出来，如图 7－19 所示。

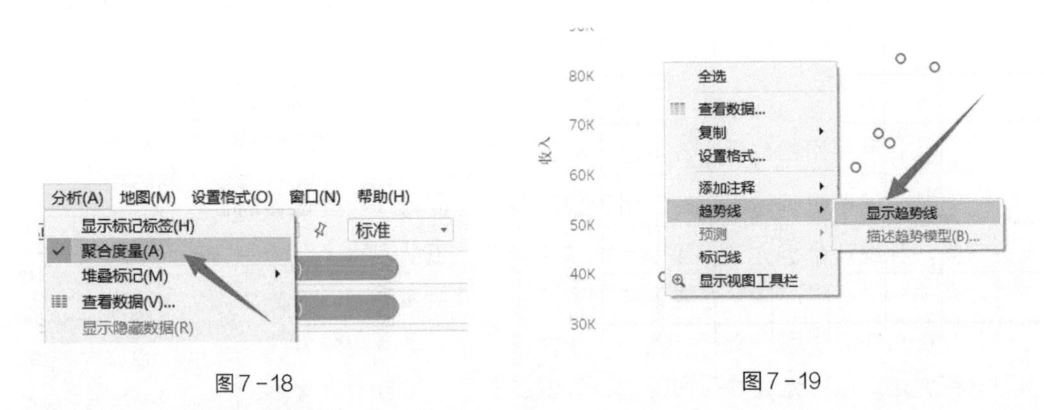

图 7－18　　　　图 7－19

操作结果如图 7－20 所示，此时将鼠标停于趋势线所在区域，即可显示回归直线的方程、R 平方值及 p 值。

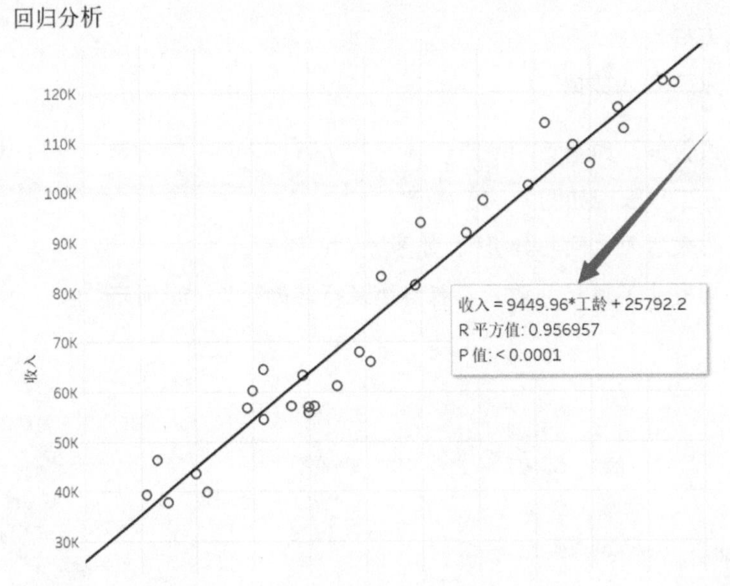

图 7－20

步骤 7 右键单击趋势线，点选［描述趋势模型］，即可得到回归方程的具体信息，如图 7－21所示。

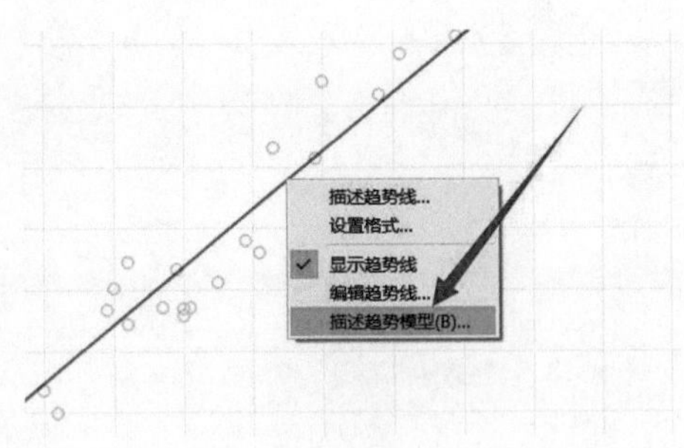

图 7－21

操作结果如图 7-22 所示。

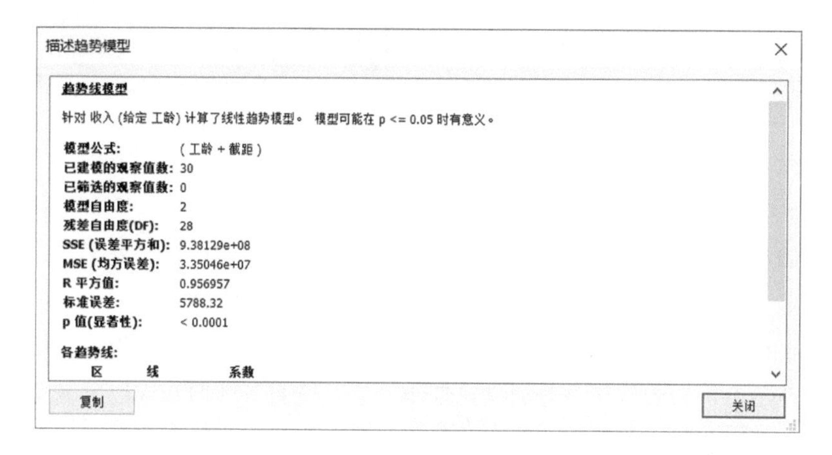

图 7-22

注 特别关注 R 平方值及 p 值，前者代表该回归方程所解释的变量的变化在总体变化中的“份额”，介于 0 到 1 之间。R 平方值越高则说明方程的解释能力越高，两个变量的相关程度越高。后者为回归方程整体显著情况的假设检验结果，p 值越小，则线性关系越显著。一般 p 值在 0.05 以下即可认定方程整体显著。

操作完成■

任务三　时间序列分析

任务目标 基于“历史数据”预测某国际电商未来一段时间的订单数量及销售额。

相关知识 时间序列也叫时间数列或动态数列，是将某种统计指标的数值按时间先后顺序排列所形成的数列。时间序列预测法就是通过编制和分析时间序列，根据时间序列所反映出来的发展过程、方向和趋势，进行类推或延伸，借以预测下一期间或以后若干期间内可能达到的水平。其内容包括：收集与整理某种指标的历史资料；排成数列；分析时间数列，从中寻找其变化规律，得出一定的模式；以此模式去预测该指标未来的变化趋势。

任务分析 使用时间序列分析对某国际电商的订单数量及销售额进行外推预测，外推的期限为 4 周。

任务数据 见“国际电商数据”。

步骤 1　导入数据，如图 7－23 所示。

订单号码	商品编码	商品描述	数量	订单日期	单价	客户ID	国家
541,696	21220	SET/4 BADGES DOGS	4	2019/1/20	0.830	null	United Kingdom
541,696	21221	SET/4 BADGES CUTE ...	1	2019/1/20	0.830	null	United Kingdom
541,696	21222	SET/4 BADGES BEETL...	3	2019/1/20	0.830	null	United Kingdom
541,696	21224	SET/4 SKULL BADGES	1	2019/1/20	0.830	null	United Kingdom
541,696	21314	SMALL GLASS HEART...	1	2019/1/20	4.130	null	United Kingdom
541,696	21316	SMALL CHUNKY GLA...	2	2019/1/20	5.790	null	United Kingdom
541,696	21363	HOME SMALL WOO...	1	2019/1/20	10.790	null	United Kingdom
541,696	21383	PACK OF 12 STICKY B...	2	2019/1/20	1.630	null	United Kingdom
541,696	21385	IVORY HANGING DE...	2	2019/1/20	1.630	null	United Kingdom

图 7－23

步骤 2　进入工作表，如图 7－24 所示。

步骤 3　修改表名为“订单数量预测”，如图 7－25 所示。

步骤 4　将［订单日期］拖到列，如图 7－26 所示。

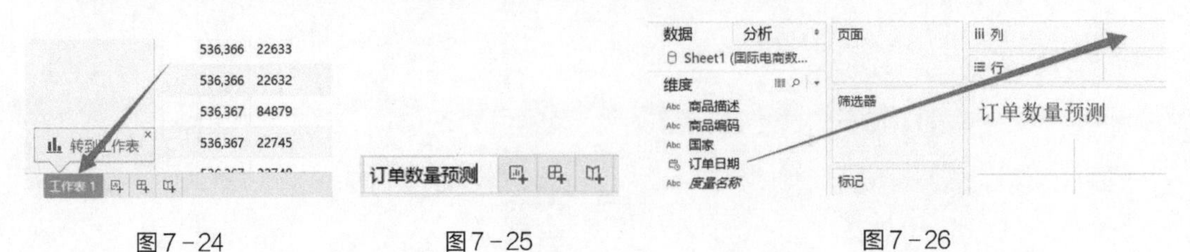

图 7－24　　图 7－25　　图 7－26

步骤 5 将日期格式设置为“周数”，如图 7－27 所示。

注 这里根据分析的需要进行设置。

步骤 6 将［订单号码］拖到行，如图 7－28 所示。

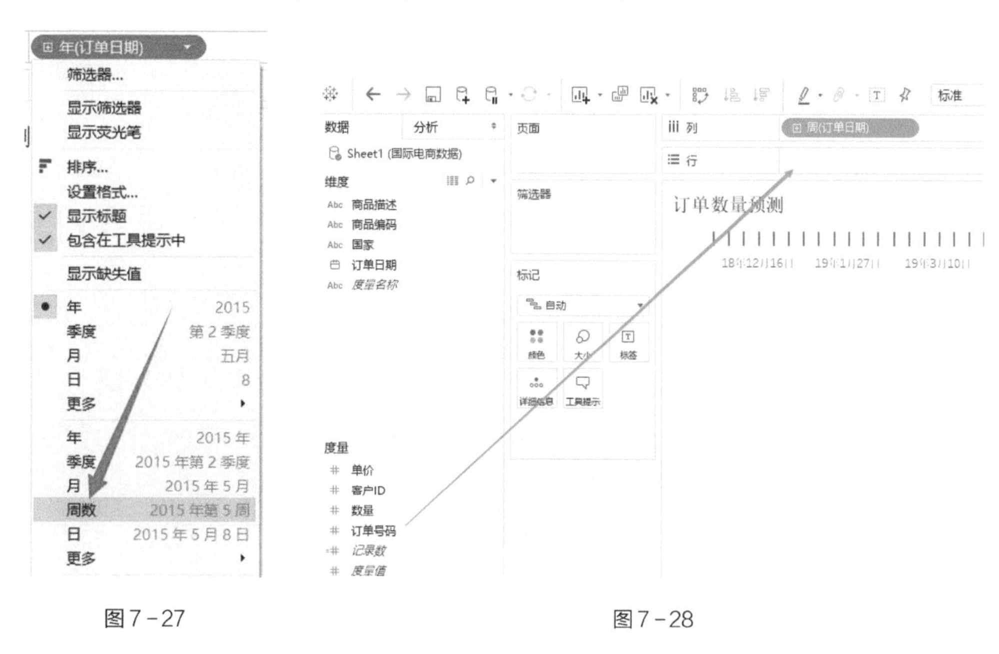

图 7－27　　　　图 7－28

步骤 7 将［订单号码］的度量方式设置为“计数（不同）”，如图 7－29 所示。

注 在原始数据中，每一行对应某一订单下的同种商品，存在多行对应同一订单号的情况，在计算订单数量时需要采用“计数（不同）”的方式以确保不重复计数。

步骤 8 依次点选菜单栏［分析］—［预测］—［显示预测］，显示初始的预测结果，如图 7－30所示。

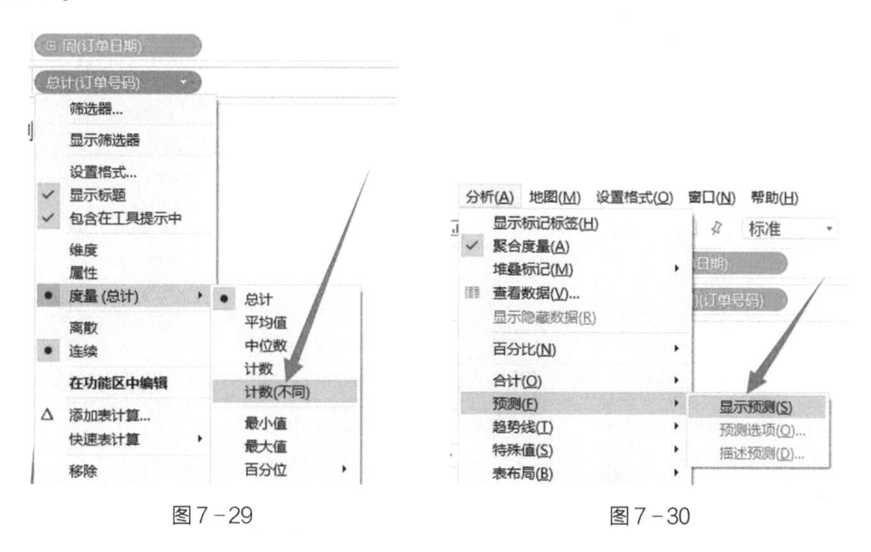

图 7－29　　　　图 7－30

操作结果如图 7-31 所示，预测值表现为一条水平的直线（即图中蓝色粗体线段），同时给出预测区间的上限及下限。随着预测期间的推移，区间上限与下限的距离也会增大，预测结果的不确定性也就更高。

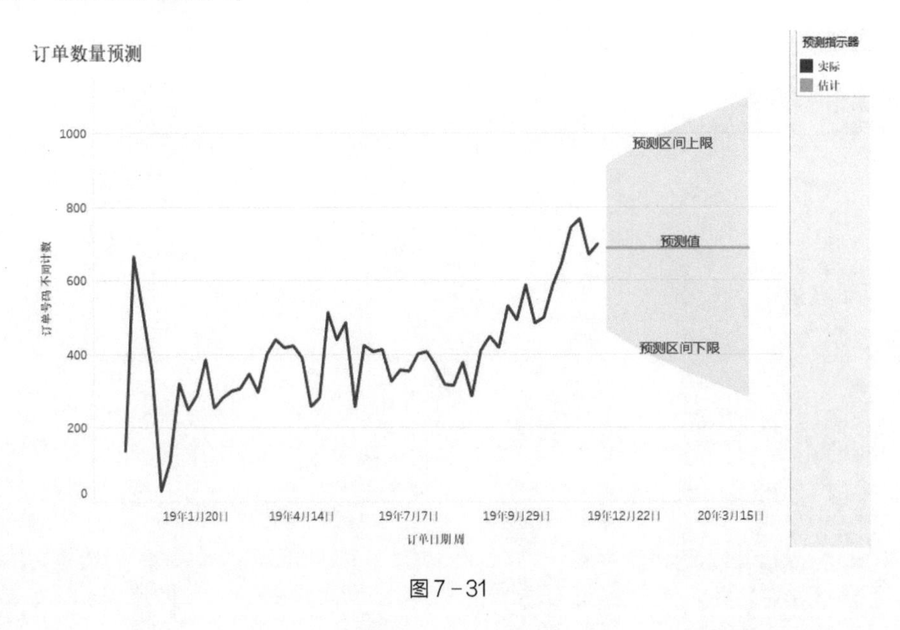

图 7-31

注 此时得到的“初始”预测结果仅仅是预测期间前若干期的（指标）简单平均值，是一个常值，往往并不符合实际。为了得到更加可靠的结果，需要对预测选项进行调整。

步骤 9 在视图区右键单击任意区域，依次点选［预测］—［预测选项］，如图 7-32 所示。

步骤 10 设置预测选项，将［预测长度］设置为“精确”“4 周”，将［忽略最后］设置为“0 周”，在［预测模型］处选择“自定义”，在［趋势］处选择“累加”，在［季节］处选择“累加”。如图 7-33 所示。

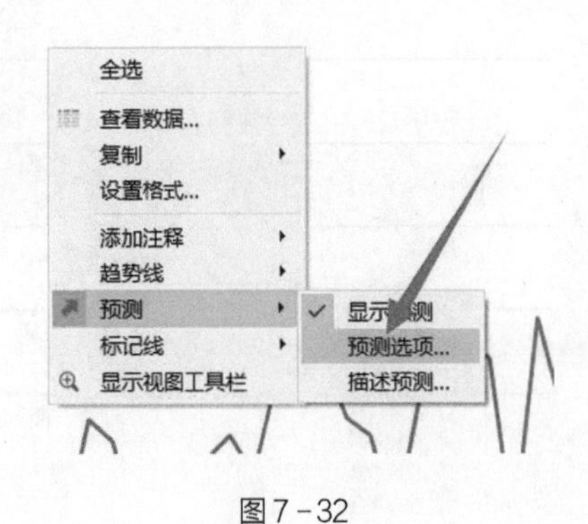

图 7-32

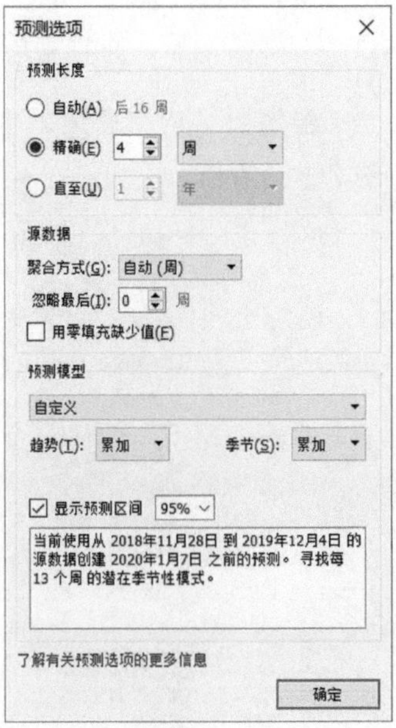

预测选项
预测长度
自动(A) 后 16 周
精确(E) 4 周
直至(U) 1 年
源数据
聚合方式(G): 自动 (周)
忽略最后(I): 0 周
用零填充缺少值(F)
预测模型
自定义
趋势(T): 累加 季节(S): 累加
显示预测区间 95%
当前使用从 2018年11月28日 到 2019年12月4日 的源数据创建 2020年1月7日 之前的预测。寻找每 13 个周的潜在季节性模式。
了解有关预测选项的更多信息
确定

图 7-33

注① ［忽略最后］的选项根据数据的完整程度进行设置，如果最后一期的数据不完整，在建立模型时就应当“舍弃”最后一期的数据，基于最后一期前的数据建模。反之则可设为0。在本例中假设最后一期的数据是完整的。

注② 对预测选项的设置在很大程度上决定了预测的精度，在实务中可基于经验数据对比不同选项的预测精度，以此确定最优的模型选项。

注③ 如图7－34所示，在［预测模型］的下拉框中有“自动”“自动不带季节性”“自定义”三种选项。通常情况下选择“自定义”。

注④ 如图7－35、图7－36所示，在［预测模型］选择了“自定义”后，要求对［趋势］及［季节］做出选择。三个选项的意义如下：选项“无”意为不存在该趋势/季节因素；选项“累加”意为该趋势/季节因素是以累加的方式影响时间序列；选择“累乘”意为该趋势/季节因素是以累乘的方式影响时间序列。具体含义可参考时间序列分析的相关资料。

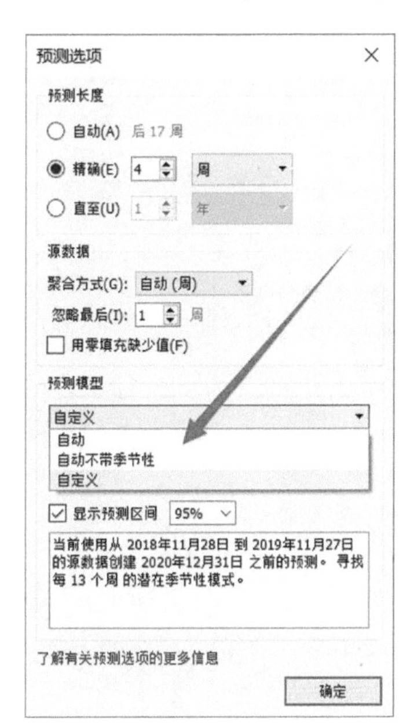

图7－34

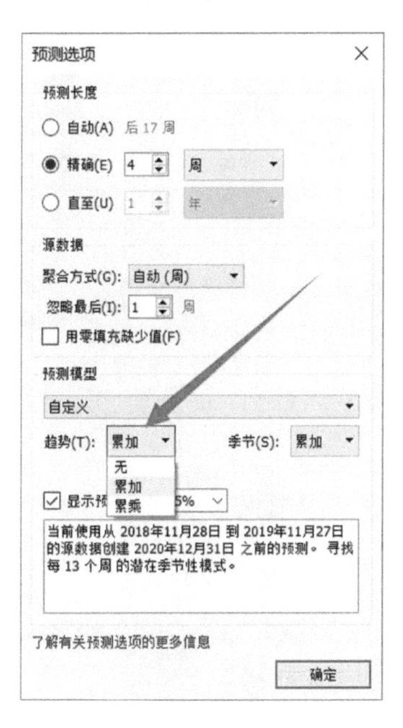

图7－35

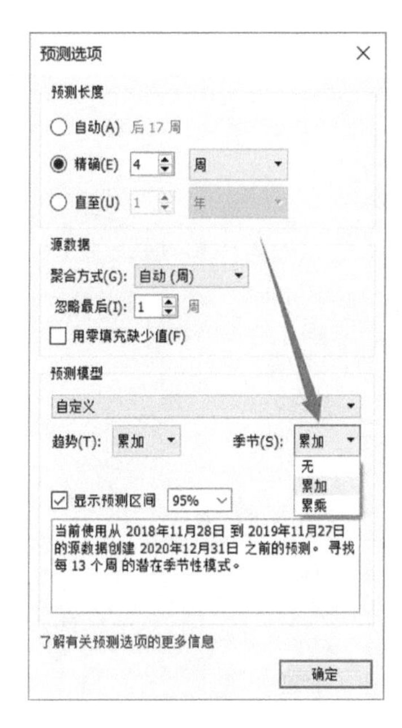

图7－36

设置完成后，得到的预测结果如图7－37所示。

注 接下来对未来4周的销售额进行预测。

步骤11 新建工作表，并设置表名为“销售额预测”，如图7－38所示。

步骤12 将［订单日期］拖到列，如图7－39所示。

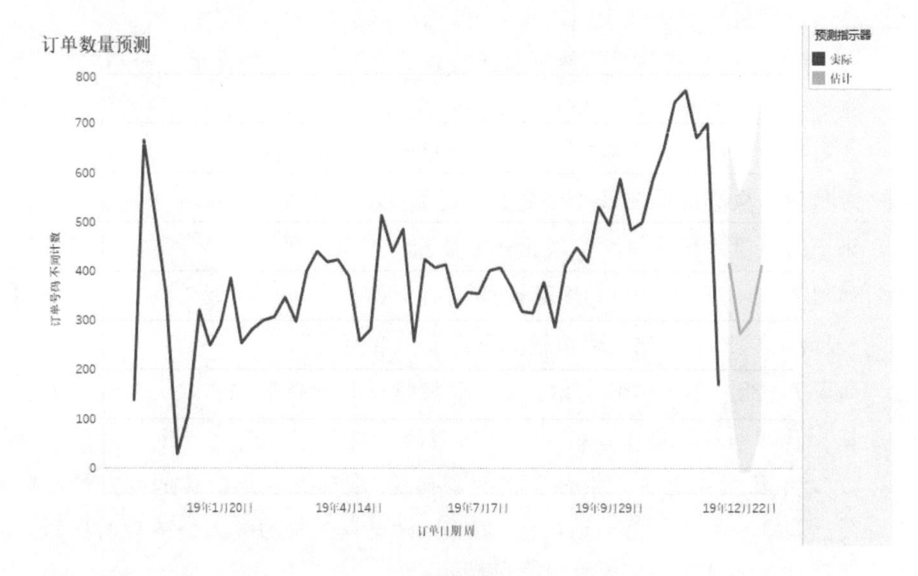

图7-37

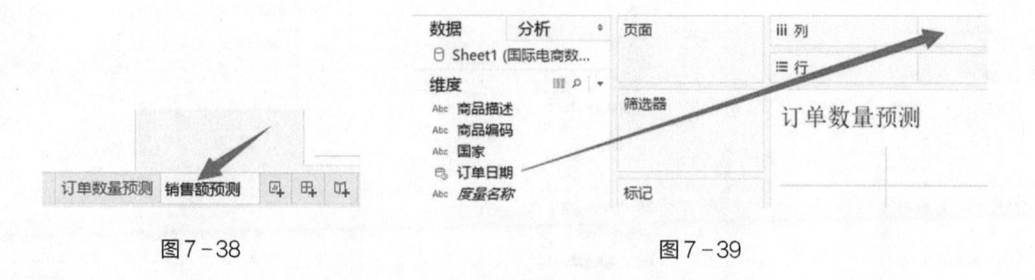

图7-38　　图7-39

步骤 13　将日期格式设置为［周数］，如图7-40所示。

图7-40

注　原始数据未提供［销售额］字段，需要自行创建。

步骤 14　创建计算字段——销售额，公式为“[数量]*[单价]”，如图7-41、图7-42所示。

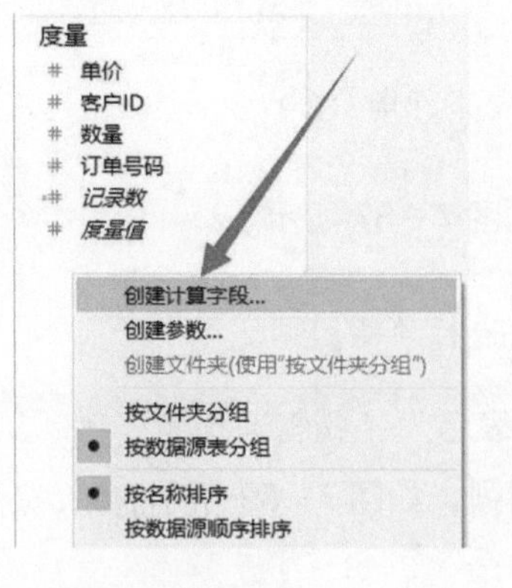

图7-41

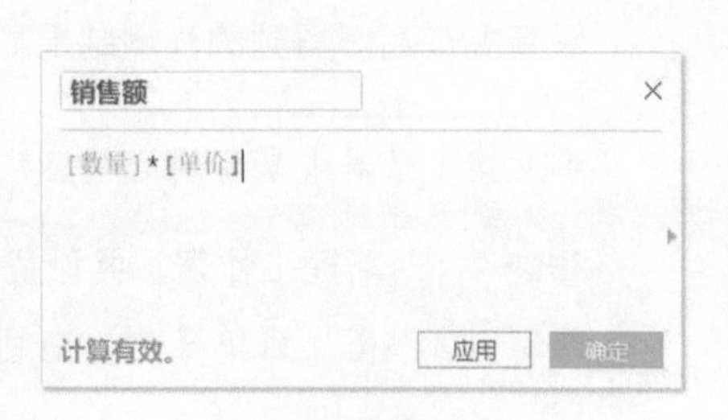

图7-42

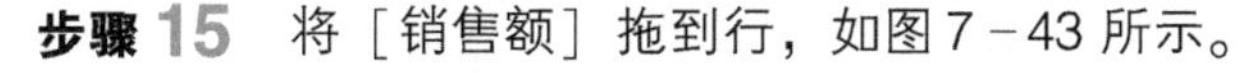

步骤 15 将［销售额］拖到行，如图 7－43 所示。

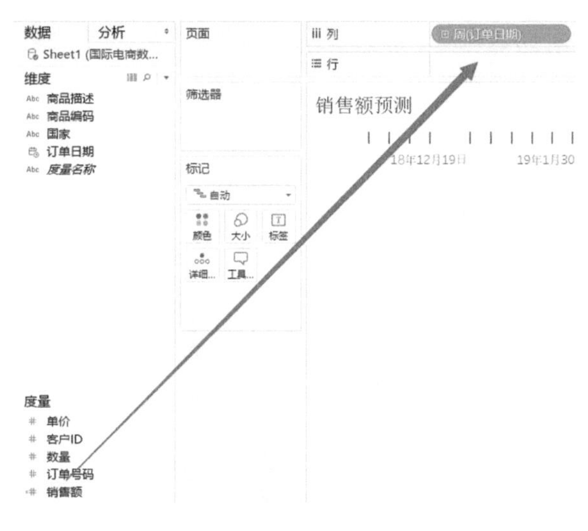

图 7－43

步骤 16 依次点选菜单栏［分析］—［预测］—［显示预测］，显示初始的预测结果，如图 7－44 所示。

步骤 17 在视图区右键单击任意区域，依次点选［预测］—［预测选项］，如图 7－45 所示。

步骤 18 设置预测选项，在［预测模型］处选择“自定义”，在［趋势］处选择“累加”，在［季节］处选择“累加”，如图 7－46 所示。

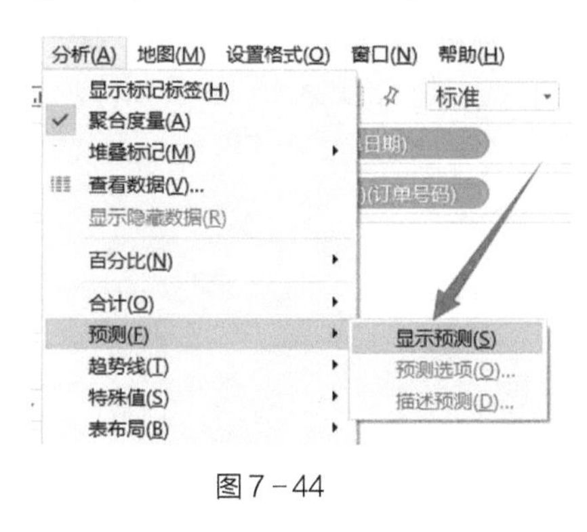

图 7－44

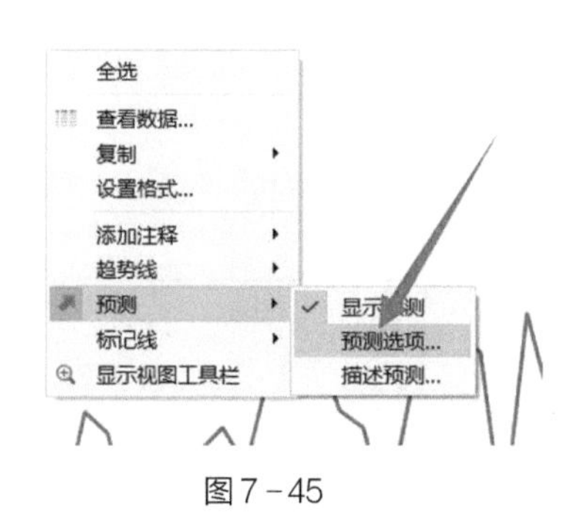

图 7－45

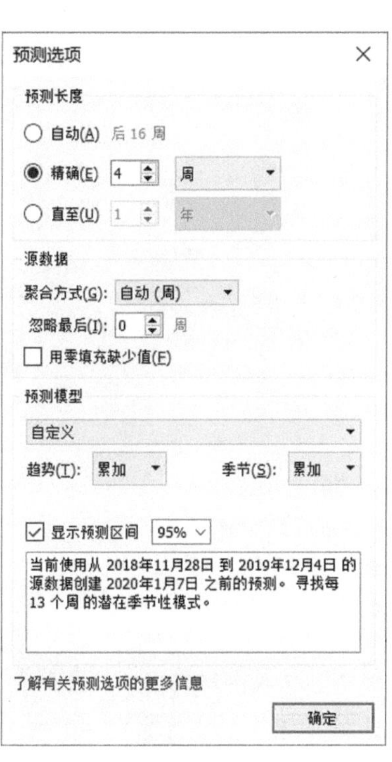

图 7－46

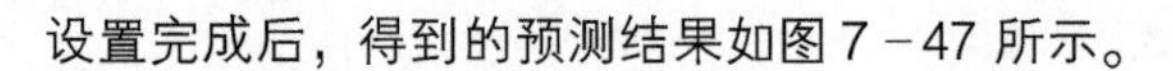

设置完成后，得到的预测结果如图 7－47 所示。

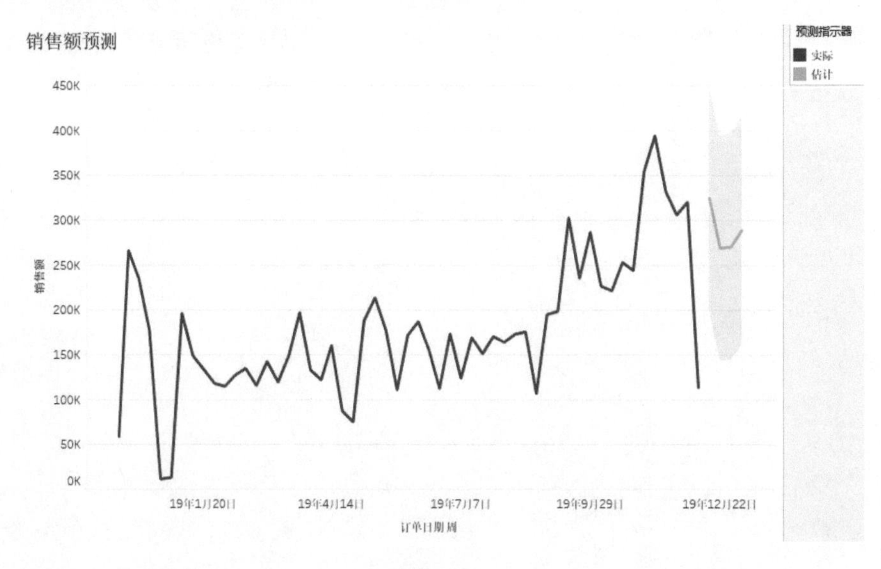

图 7－47

注 如果需要将预测数据导出，可依次点选菜单栏［工作表］—［导出］—［交叉表到 Excel］，如图 7－48 所示。

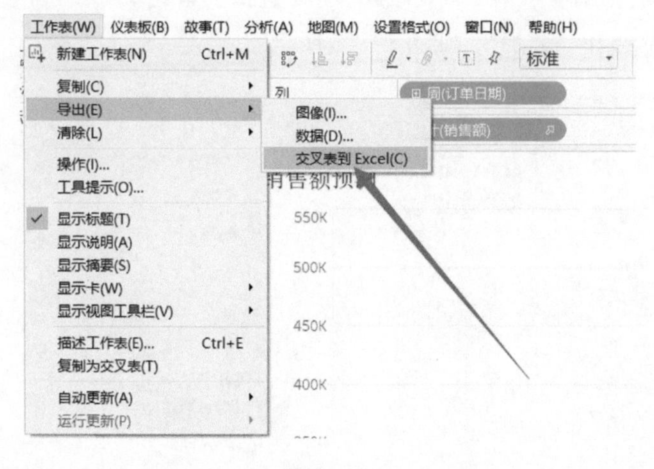

图 7－48

操作完成■

习 题

请简述相关分析与回归分析的区别与联系。

参考文献

[1] 刘红阁，王淑娟，温融冰. 人人都是数据分析师：Tableau 应用实战 [M]. 2 版. 北京：人民邮电出版社，2019.
[2] 吕峻闽，张诗雨. 数据可视化分析（Excel 2016 + Tableau）[M]. 北京：电子工业出版社，2017.